一位医生眼中的
医院空间布局

韦哲　韦铁民　◎著

ZHEJIANG UNIVERSITY PRESS
浙江大学出版社
·杭州·

图书在版编目（CIP）数据

　　一位医生眼中的医院空间布局 / 韦哲，韦铁民著.
杭州：浙江大学出版社，2024.12. -- ISBN 978-7-308-
25755-8

　　Ⅰ. TU246.1

　　中国国家版本馆 CIP 数据核字第 2024W14U35 号

一位医生眼中的医院空间布局

韦　哲　韦铁民　著

责任编辑	陈静毅
责任校对	汪淑芳
封面设计	春天书装
出版发行	浙江大学出版社
	（杭州市天目山路 148 号　邮政编码 310007）
	（网址：http://www.zjupress.com）
排　　版	杭州星云光电图文制作有限公司
印　　刷	广东虎彩云印刷有限公司绍兴分公司
开　　本	889mm×1194mm　1/16
印　　张	18.25
字　　数	397 千
版 印 次	2024 年 12 月第 1 版　2024 年 12 月第 1 次印刷
书　　号	ISBN 978-7-308-25755-8
定　　价	139.00 元

作者简介

　　韦哲,在国外取得建筑设计专业和城市规划设计专业双硕士学位,毕业后取得澳大利亚NSW注册建筑师资质(注册号:10350)。在国外建筑事务所工作多年,主持或参与了十多项规划设计项目。回国后,就职于蓝绿双城科技集团有限公司,参与多个项目的设计和管理工作。著作有《厕所革命的实践》,现为浙江大学在读博士。

　　韦铁民,主任医师(正高二级岗),从事医院管理工作25年,担任院长17年,重视医院管理的理念创新和管理体系建设,其医院管理成果得到国内医院管理者的广泛认可,在医疗建筑设计上也颇有建树,在其领导建设的医院及其内部空间的各个细节中都融入了以人为本的理念,在建筑流程、空间布局、环境细节、材料色彩和人性化方面进行了卓有成效的探索,深得全国同行的认可,其管理的医院被评为"中国最美医院"。获得"亚洲医院年度行政总裁奖""全国十佳医院基建管理院长""中国医院优秀管理奖""中国医师奖""最具领导力中国医院院长""中国优秀医院院长""全国优秀科技工作者""全国劳动模范""浙江省优秀医师奖""浙江省有突出贡献中青年专家""浙江省劳动模范"等荣誉,享受国务院政府特殊津贴,在2024年全国医院建设大会上被授予中国医院建设"终身成就奖"。著作有《现代医院内部管理制度》《医院精细化管理实践》《医院等级评审应评实践》《尿酸与疾病》等。

序一

医院建筑作为典型的公共设施，其复杂性远超普通建筑。建造一座好的医院，需要面对诸多挑战，必须经过认真考量，颇为不易。医院内部部门众多，涉及诸多环节。各医疗科室都有特定的功能要求，必须满足相关标准，所涉及的因素包括建筑结构、使用面积、工作流程、设备安置等方面。因此，建造一家卓越的医院需要建筑设计师与医务人员和医院管理者通力合作，方可完成。

在医院设计建设过程中，不仅要考虑科室之间的安排，顾及诊疗医护的便利性，还必须兼顾消防和安全疏散等要求，更要体现人性化、舒适性和高效性，以提升患者、医务人员的体验，彰显医疗建筑的人文关怀。

《一位医生眼中的医院空间布局》一书，是建筑设计师与医生兼医院管理者合作的产物。正是这种结合，使得该书对医院空间布局进行了系统、全面的诠释，对医院建筑设计进行了深入的探讨。我曾经在国内最早倡导并开展建成环境使用后评价研究。如今，我国的建筑程序正在补充前策划与后评估两个必要环节。该书的内容体现了理论与实践的完美结合。一位作者具有在国外留学的经历，并获澳大利亚注册建筑师资质；另一位作者是主任医生，多年担任院长职务，对医院的管理有切身的体会。因此，从某种意义上说，该书也是对既有医院建筑进行使用后评价的产物，其中的宝贵经验与反馈信息，又为将来新建的医院提供了策划依据和指引。因此，我相信该书的出版将为医院建筑设计提供很好的参考，对于建设安全、舒适、高效的医疗环境具有重要意义。

中国科学院院士、华南理工大学建筑学院教授

序二

　　览读了《一位医生眼中的医院空间布局》，我深感这是一本只有建筑设计师和医院管理者共同合作才能完成的专著。书中的理念、思维及观点很好地体现了现代医院运行的要求，书中所表达的医疗核心区和医疗半径更是一种新思维，是绿色医疗建筑概念的补充和完善。书中各章节的叙述方式是医疗建筑图书的一种创新，很好地阐明了医疗特点、医疗流程及特殊的医疗空间要求。作者思维缜密、观察力强、重点突出，并且强调医疗的系统性、专业性和完整性。

　　一年前到丽水做学术交流，我有幸参观了第二作者的工作单位——丽水市中心医院。我深深地被美丽的院区、富有特色的建筑外观所吸引，合理的病区空间结构、医疗流程以及对病人细致入微的建筑人文关怀令我印象深刻。医院建筑结构、流程复杂，院感防控和消防要求高，往往由于设计师对医疗的了解不深，虽然设计的医院外观漂亮，但是内部结构布局非常合理的并不多。《一位医生眼中的医院空间布局》是中国医疗建筑跨界思考和实践的成果，我非常乐意把该书推荐给大家。

中国科学院院士

前　言

医院建筑是承载着生命健康重任的特殊场所,其独特性与重要性不言而喻。与一般的民用建筑相比,医院建筑所担负的功能与流程更为复杂。这种特殊性源于医疗机构本身所具备的高度专业性、系统性和复杂性,这些特点对医院建筑的设计、建造与建成后的运维提出了更为苛刻和具体的要求。

随着医疗技术的快速发展,医疗运行体系也在不断变革,医院建筑也必须适应医疗的发展。医院部门繁多,每个临床和医技部门都有其特殊的空间布局、诊疗流程及设备空间的要求,这就需要医院建筑在设计时充分考虑各部门和科室的专业性与特殊性,实现空间资源的优化配置并高效利用。同时,医院作为人流、物流高度集中的场所,人和物流动性大,为了减少流动成本,提高运行效率,必须将医院各建筑体控制在一定的服务半径之内,确保医疗服务的便捷性、及时性及高效性。

本书正是在这样的背景下应运而生,由两位作者共同完成的。第一作者以其良好的构思能力和写作功底,负责了本书的整体构思、写作及绘图工作;而第二作者则以其丰富的医院管理经验与深刻的业内洞悉,为本书提供了写作视角和医疗相关内容的指导。两位作者的密切合作,使本书既具有理论认知的深度,又具有很好的实践指导价值。

本书具有以下特点:①本书的重要出发点是叙述医院空间布局的合理性、实用性、便利性和效率性,凸显当下好用及未来够用;②本书注重对医院建筑的流程要求、便利要求、节俭要求、人文要求、院感要求、部门具体医疗空间及位址要求;③本书各章节介绍相关医学及设备的内容,目的是强调为什么要这样布局及所需的面积要求;④本书收集了建筑及医疗相关的法规、标准、指南等,目的是突出医疗管理和运行对医院建筑的要求;⑤本书描述的医院的多个部门(科室)是以三级综合医院为例,基本囊括了医院运行所需的部门和功能用房,力求医院重要的功能用房全覆盖,但不同的医院应结合自身规模、专科及亚专科等具体情况统筹而定,特大医院及特色专科医院的具体布局需要更多思考;⑥本书的插图有实景图、实际施工图,也有示意图,示意图中的布局按流程、所需房间及空间具体要求而作,由于每家医院具体情况不一样,规模及结构要求也不一样,参考时应按所建医院的规模、建筑结构及专业特色而定;⑦本书不讨论暖通及强弱电等相关内容。

本书对于大学建筑专业的学生、医疗建筑设计师、医院管理者,特别是分管院长及基建部门负责人来说是一本很好的参考书。认真学习与领悟书中的方方面面,可使医院设计少走弯路,节约建造成本,缩短建设周期,降低建成后医院运行成本和控制院感发生率等,更重要的是可避免医院建设中的"通病",即敲敲、拆拆、修修、补补。

总之,这是一本集专业性、理论性与实践性于一体的医疗建筑专著,对于推动医疗建筑行业的健康发展、提升医疗建筑设计水平及医院空间布局的合理性具有很好的参考借鉴意义。

特别感谢浙江大学建筑工程学院葛坚教授对本书出版的支持和帮助。同时感谢何海波、卢镇坚、林维杰、魏蔚,他们为本书的成稿提供了多方面的帮助。

目　录

第 一 章
总 论

医院建筑远比其他建筑结构复杂。好的医院建筑,不仅有漂亮的外观,还应考虑建筑的宏观与部门的微观设计、建筑的成本、病人安全、院感管理及医院运维成本等诸多因素,让病人和医护人员有更舒适的医疗环境,从而体现更多的人文关怀。建筑设计师及医院管理者应对此有足够的认识和重视。

梳理医院建筑体的特点使我们更加了解医院的复杂性及设计一所好医院的艰辛。设计一所有规模的医院往往费时长、耗工多、费用也贵,其间建筑设计师应反复与医院相关医务人员沟通,了解需求并学习相关医学知识,反复优化方案,力求医务人员满意、运行成本低,并体现医疗建筑人文关怀。这些正是我们需要重视的。医院建筑的特点如下。

(1)医院选址。医院选址是医院建设的首要环节,选址需要从服务人口数量、医院的规模与专业、地理环境、交通等方面综合思考,还要结合医院占地面积、周围环境、相邻单位、噪声、粉尘等因素。因此,医院选址有其特殊性和复杂性。

(2)医院交通。医院的外部交通、内部交通、停车布局都直接影响进出入医院是否便捷,设计医院时应合理设计医院的交通和停车。交通规划和设计不仅关系到病人就诊、医生看诊、物流是否流畅,同时还关系到医院内部流程是否高效。

(3)建筑体量。医院建筑体量大,基本上一家大型三级综合医院的建筑面积在 20 万 m² 以上,而且会有多幢大楼。如何合理安排每一栋大楼的位置,如何让各幢大楼有效连接,从而降低造价、运维成本,保障医疗安全、消防安全及院感安全等,这些都是设计医疗建筑时应关注的重点。

(4)内部结构。医院内部结构复杂,涉及多个不同的部门/科室,每个部门/科室对建筑布局都有不一样的要求,工作流程也不一样,这些在设计时都要充分考虑。

(5)建筑细节。医院建筑微观设计复杂,其中涉及环境、细节和流程设计等,这些布局的好坏将直接影响建成后使用过程中对病人的关怀、对医务人员的关心。

(6)医院人流。医疗大楼内人流大,目的地多,往返多,流向、流量既集中又分散。这就要求设计师有大格局、大视野,设计时要厘清相互之间的关系和规则,形成合理的人流。

（7）医院物流。医院物流复杂，药品、耗材、后勤物资、医疗及生活垃圾等物流线组织不一，合理的物流线在医院运行中非常重要。

（8）医院装修。医院的建筑装修材料和其他建筑也有许多不同，医院采用的建筑材料需比其他建筑更环保耐用，且采用的建筑装修材料必须具备防潮、防火、耐污、耐划、耐撞、耐擦洗、耐臭氧、耐紫外线等特征，由于建筑装修材料的品种很多，选材是否经济、好用和因地制宜，都将涉及造价及未来的运维。

（9）要求繁多。医疗建筑涉及的法规、标准、指南很多，以建筑标准为例，就有《综合医院建筑设计规范》《建筑设计防火规范》《医院洁净手术部建筑技术规范》等。设计人员要深入了解这些条规制定的背景、出发点和目的，把握内涵所在，相关要求理解和执行的好坏直接关系医院未来的运行。

纵观目前医疗建筑的现状，有许多成功的经验和许多优秀的案例，但也不乏教训和辛酸，值得我们认真思考、体会和总结。目前医院建筑常见的问题如下。

（1）选址不合理。在医院选址时，缺少科学合理的评估和论证，影响建成后医院总体交通环境、内部布局、建筑成本及运营管理。

（2）追求外观。许多医院在建筑建造时没有考虑造价成本、维护成本等诸多问题，一味追求建筑体的外观，从而导致建筑成本、运维成本增加。

（3）"摊大饼"设计。医院各建筑分散，公共区域面积大，而病人直接使用的空间局促，预留发展空间不够用。医疗半径大小决定占地成本、造价成本、运行成本和维护成本。

（4）不了解医疗。建筑设计师没有详细了解医疗所需及医学发展的趋势，在医院大体布局、细节优化、流程设计中存在不足，造成医疗安全隐患和医院运行上或多或少的问题。

（5）使用空间拘谨。病人使用空间局促不能体现建筑的医疗人文关怀，预留空间不够影响医院未来发展，许多科室的空间和结构刚开始还能勉强使用，但几年后就面临空间不够的问题，需要新增空间或挤占其他科室的房间。

（6）布局不合理。许多设计只能达到够用或能用的水平，很难达到对病人的关心和对医务人员的关怀。缺少对医务人员人文关怀的医院，很难提供使患者满意的人性化医疗，没有医务人员的满意，就不会有患者的满意。

（7）色彩单一。色彩作为医疗空间环境重要的组成因素，除了满足装饰功能需求外，还具备一定的心理疗愈效能。许多医院色彩单一、死板，不能体现医疗温度，"冷、白、硬"更是许多医院的通病。

（8）动线流程不合理。由于没有对人流、物流进行合理、详细规划，车流与人流经常重叠交叉、难以分流，导致交通环境差，不仅影响医疗行为和就医流线的便捷和高效，而且影响整体的环境秩序。

　　无论是国内的医院还是国外的医院,在外观、空间、流程、院感设计各方面均非常合理的并不多,这也说明设计一所好医院不易。由于医院建筑结构过于复杂,各科各有要求,加之医院特色不一,很难有统一的建筑布局要求;地理环境不一,设计师偏好不一,统一的流程设置更是难上加难。因此许多医院都是在建设中发展,在发展中试错,不停地进行优化改造。

　　近年来,国内外医院医疗建筑设计师和医院管理者做了许多卓有成效的探索,取得了非常好的成绩和经验,但涉及跨界的对医疗了解的建筑设计师并不多,或在设计过程中能与医疗相关人员进行有效沟通的也不多。未来的医疗建筑更需要既懂医疗发展又懂建筑的设计师,这是我们要关注的重点。

第二章

医院选址与交通

合理的医院选址与交通布局对医院建设及建成后运行非常重要,其涉及总体环境结构布局,建筑成本,外围公共交通拥堵程度,病人、家属、职工及相关车辆进出入医院的方便程度等。不同的医院选址要求不同,社区医院、县级医院、专科医院、大型综合医院等因服务人群不同,功能定位不同,其选址也会有原则性区别。

第一节　医院地址的选择

随着医药卫生改革的深化,分级诊疗制度的不断推进,政府从宏观上调整了医疗卫生布局。为了使各级医疗卫生资源配置均衡,以满足现在城乡和未来城乡发展与人口变化的需要,各地也根据区域总体规划、环境功能规划及其他相关的规划调整医院的位置或新建更多医院。医院是公共服务设施的重要组成部分,其合理选址和布局不仅关系到人民群众的便利性,还关系到城市的品位。医院在选址上与其他机构有相同之处,其影响因素有区域分布、交通等。但医院选址的根本原则在于实现医疗卫生资源分布效率和基本医疗卫生服务资源在人口中公平分配的最大化,这是医院选址有别于学校、商场等选址的根本特性。医院在选址时,需要从医院的规模与专业、地理环境、交通等各方面综合考虑,不仅要考虑服务人口数量及服务专业和服务能力,还要考虑医院的占地面积、周围环境、相邻单位、噪声、粉尘等因素。因此,医院选址有很强的专业性和复杂性。

一、医院特点

(1)医院人流量大。医院内人员结构复杂,人流高度密集,既有门诊、急诊、住院病人及陪护人员、医护人员、行政后勤人员,又有学生、进修人员以及与医院有业务往来的商务人员等。

（2）医院车流量大，涉及救护车、病人及家属车辆、后勤保障车和职工的车辆等。

（3）医疗流程复杂。病人、物品转运多而复杂，许多科室和部门有特殊的转运流线要求。

（4）部门多而广。许多科室功能用房有特殊的设计设置要求。

（5）行业要求很高。医院在消防、院感、温湿度、噪声、振动等方面均有特殊管理要求。

（6）环境要求较高。医院需要为病人提供良好的疗愈环境，如环境安静、空气清新、日照充足、通风良好等。

二、规模专业

医院是特殊服务类机构。医院从性质来讲，有营利性医院和非营利性医院；从产权来讲，有公立医院和民营医院；从服务能力来讲，有一级、二级、三级医院；从规模来讲，又可分为社区医院、专科医院、中小型综合医院和大型综合医院。不同规模和专业的医院选址存在一定的差异性。

（1）社区医院（包括乡镇卫生院）主要是为社区（乡镇）所在地的居民提供公共卫生和基本医疗服务，一般规模较小。根据其服务功能和特点，选址取决于服务人口范围及是否可以为居民提供就近、快捷的基本医疗卫生服务，依就近原则，应建造在周边水、气、电等各项配套设施比较齐全且人口比较密集的社区（乡镇）中心。

（2）专科医院指专门从事某一类疾病诊疗或少数几个医学专科的医院，这类医院服务几个区域或整个城市，服务人群广但量少。一般来说，城市中心区的选址模式不适合专科医院的建设与发展，专科医院可在具备良好的交通条件前提下按照其自身特色及发展方向结合自然环境因素选址。

（3）中小型综合医院（包括部分县级医院）是向许多社区提供综合预防、保健、医疗、康复服务和承担一定教学科研任务的区域性医院。该类医院规模一般，服务范围及辐射人群不大，选址可按城市规划分布在城市中，应方便与周边居民居住区联系，最好位于城市重要交通设施的几何区域中心。

（4）大型综合医院是向所在地区以及周边区域辐射的提供高水平医疗卫生服务和履行高等教学、科研任务的市域性以上医院。该类医院服务人群数量多，服务区域半径大，不必在人口密集地区，应在交通条件良好的地段并结合大区域卫生发展规划及医院发展目标而选址。

三、地理环境

一家现代化医院建设和一个社区建设一样，需要进行复杂细致的规划和设计，除了需考虑现代化医疗技术和医疗模式，还应考虑良好的外部环境和创造优秀的内部环境，并为些有特殊要求的病人进行环境设计与规划,强调自然、无害的绿色医疗环境。好的自然环境是疗愈的基础,医院应建立在具备良好的地理环境和便捷的交通的基础上的生态较优越的地块,特别是大型综合性医院,可考虑城郊地块,这类地块生态良好、空气清新、日照充足、通风良好,能使病人的身心放松,给病人心情的调节和病情的康复带来良好的环境基础。

(1)将大中型医院设在空气良好、光照充足的城市近郊。阳光和空气的好坏,直接影响人的心情,更影响病人的康复。城市近郊有清新的空气、良好的通风,高层建筑少,有利于建筑的采光通风。充足的光照能够帮助病人减少抑郁情绪,在光线明亮的病房中的病人康复时间一般比在光线昏暗的病房中的病人康复时间要短。

(2)将大中型医院建设在具有良好自然景观的靠山或依水之地。依山傍水的区域、优美的户外自然景观应成为选址的考虑因素。通常在风景迷人、视野开阔的地块,建筑师能很好地利用地形就势而筑,尽可能地将建筑融于优美的自然环境之中。这不仅可以极大地改善病人的情绪,有利于病人的康复,也可以消除或减少医护人员的职业倦怠。

四、交通条件

医院的重要任务是为所辐射的区域内的人群提供便捷的医疗服务,其所在地的交通可达性在医院选址时举足轻重。如前所述,医院内人员结构复杂,人流高度密集,既有门诊、急诊、住院病人及陪护人员、医护人员、行政后勤人员,又有学生、进修人员以及与医院有业务往来的商务人员等。医院往来车辆众多,有救护车、病人及家属车辆、后勤保障车和职工的车辆等。以一家实际开放床位在2000张的综合医院为例,其年门诊、急诊人次在200万人左右,年出院病人在10万人左右,再加上陪护人员、护工及医院职工人流,医院院区内日均人流量会在1.8万～2万人,这就要求在选址过程中,应有清晰的交通流量预测,有前瞻性和针对性的交通疏导策略,以构建医院及周边良好的内外交通,保证人流来往便捷性。

(1)大中型医院作为服务半径较大的公共卫生机构,交通便捷程度是关系病人来医院就诊便利的重要影响因素。相关研究表明,病人就诊率会随着就医等候时间及往返时间的增加而降低,呈现负相关的函数关系。医院建设选址应与大型高铁站、汽车站、高速路出口等公共交通枢纽紧密结合但应保持适当距离,最好有快捷的城市轨道交通与之相连。这样有利于利用公共交通,减少车辆进出医院,减轻医院周边的交通压力,避免医院周围交通过于繁忙。

(2)随着社会的高速发展,私人小汽车逐渐普及,病人就医、职工上下班保持着私人小汽车高使用率状态,并且还在不断上升中。医院就诊高峰时段车流量大,选址时医院相邻单位的车流量也影响医院周围车辆的承载能力。另外,医院出入口的设置方式也影响进出车流是有序分散还是拥堵集中。医院进出大门原则上选址在沿主干道且有支干道路连接的相对独立的区域,一般来说可设置多个出入口,以缓解出入口及院内交通拥堵,确保医院救护通道通畅,后勤物资保障车辆快捷,就诊病人、医护人员进出医院方便。医院有多个出入口,可使人、车进出医院快速便捷,且避免人流、车流相互干扰。

(3)选址还需充分考虑未来区域人口增加导致的交通变化情况。处于快速城市化的地区,随着城市的急速扩张,社区人口快速增多,而病人流向不可避免地向原本交通条件良好、等级高的医院转移,原先所处位置可能成为城市中心区域,周边人口的增加将给医院周边交通环境带来压力。

五、地质条件

地质条件是影响医院选址的重要因素之一,在一定程度上影响医院建设的规划布局和具体方案的实施。

(1)避开地质灾害多发地和地震断裂带,确保地基安全硬指标达标。医院属于大型公共建筑,一般占地面积大,建筑密度大,包含急诊、门诊、医技科室、住院部、保障系统、行政管理、停车部和院内生活用房等,对建筑场地会形成相对较高的集中荷载,且要求建筑体柱距大、单柱荷载高,对土质强度、变形指标等质量要求高。

(2)避开多岩石、滩涂、河床等地质,选择土层结构致密、含水量低、有较大的抗压程度的地质。医院建设通常需要设置大面积的地下室,需配备人防工程、地下车库以及配套电梯、空调设备、给排水设备、变电设备、通信设备、动力设备、燃气设备等一系列医院后勤运行设施。医院选址对基坑设计的相关指标也有较高的要求,浅层地基土的质量、渗透性对基坑的顺利施工和质量保证也非常重要。

(3)优先选择地势平坦、结构稳定、排水通畅的地块。地形规整平坦便于布置,地质结构稳定有利于结构安全与抗震,排水通畅可避免低洼地受雨水侵害等。尽管从景观角度考虑,山坡地风景更加怡人,但仅适合养老和康复,在坡地建医院不仅会增加基建成本,更重要的是医院内部人流量大,会增加医院院内的交通设计难度、建造成本及建成后的转运成本,特别是垂直运输成本。大量使用电梯会增加医院的基建成本、运行成本、护送成本以及转运的时间成本,在特殊情况下难以保证物资、病人的及时转送。另外,医院需大量的停车位,坡地很难建地下停车库。选择在平地上建院,不仅可大幅度降低建造成本,还可极大地降低医院后期的运行成本和维护成本,更大大方便病人。

六、周边环境

在进行医院选址时,要注意分析医院选址与周边环境可能发生的相互影响,防止周边的有害环境或者污染环境对医院日常工作造成影响和干扰。要尽可能地规避周围环境的有害因素,保证医院环境的宁静和安全。

(1)选择双供电可及区域,保障双路供电。随着医院的发展,医院对供电的质量、连续性和可靠性的要求越来越高,综合性医院一般采用两路10kV独立市电电源,电缆专线供电,并自备发电机,重要设备末端采用不间断电源(UPS)供电等保障。双路供电能够保障当医院一路供电线路发生故障和电力线路检修时,能切换到另外一路,使医院用电得到有效的保障,不影响病人的生命安全。

(2)规避周边社会单位人口密集、人流量大等因素对医院院外交通的不利影响。大中型综合性医院选址原则上应选择远离人口密集的生活与活动区,包括高密度人口居住区,幼儿园、学校等教育场所,以及商场、俱乐部等商业文化场所。人流量大必然会加大周边交通拥堵的概率,不利于医院运行。

(3)远离粉尘、易燃易爆物品生产储存区域。远离存在环境污染的生产加工区域、空气污染源,以及对环境质量比较敏感的企业和区域,如食品、饲料加工储存、易燃易爆物品生产加工储存等场所,使医院所在的外围安全环境较优。

(4)远离环境振动、噪声污染和高压线路及其设施,避免振动、强电磁场对医院设备造成干扰。如避开高铁站、地铁、供电站等区域。地铁或者繁忙的市政道路穿越医院周边时带来的环境振动、噪声污染、电磁电感污染可能会对精密仪器设备造成不容忽视的干扰。

医院在选址时需考虑的因素诸多,需科学论证,充分考虑安全、成本、便利等一系列的要素。

第二节 医院外围交通

许多经历过改扩建的医院或新建的医院缺乏系统性、前瞻性和科学性的总体规划设计,其外围交通容易拥堵。医院外围交通问题成为制约许多医院发展的突出问题,对病人就医的便利性及社会车流通过的顺畅性影响突出。一方面,医院作为城市重要且比较特殊的公共设施,承担着意外伤害、紧急事故和危重病人的急诊救治,其外围交通系统的设计合理及通行畅快是保证病人的生命得以快速有效救治的基本条件。另一方面,社会车辆顺利通过医院路段是城市管理效率的标志,应做到车流、人流有序,忙而不乱。

医院外围道路规划、医院出入口设置和医院的空中交通设计是医院地址选择、功能布局需要思考的要素,是医院建设布局的重中之重。

一、医院外围道路规划

对于新建的医院,医院外围交通配套规划需在开始阶段就做出交通流量的预评估,要针对医院的规模和选址进行评价,避免将医院建在交通过度繁忙的城市快速路或主干道上。在不影响周边道路交通的情况下,医院的选址最好是在城市主干道旁的次干道上。

(1)单向车道。医院建设之初,可由政府主导科学规划周边交通网络,尽量围绕院区形成单向车道,特别是医院车辆出入口处,规划社会车辆和就医车辆分流行驶,分设医院辅道,避免车流相互干扰,减少医院进出通道的交通压力。

(2)公共交通设施。城市公共交通设施主要包括公交、地铁或轻轨等。许多病人都会搭乘公共交通设施来医院,医院附近区域应设站点,车站分布在马路两侧,通过天桥、地下隧道将病人引导至院区,采用这些方式来提高医院周边公共交通的可达性、集散能力和便捷性。

(3)出租车与机动车停靠点。社会服务车辆停靠点包括出租车、网约车停车场和路边下客点、上客点。随着人们生活水平不断提高,人们乘坐出租车、网约车等前来就诊的比例日益增多,医院设计建造时应预留空间,规划服务车辆等的停靠点,设置服务车辆下客点和上客点。不应让车辆在院内形成对冲或者交叉,要根据实际情况设计让车辆按一个方向快速循环,合理引导车辆在医院的出入,避免各种车辆在医院周边随意停放,保障医院周边交通的畅通。

二、医院出入口设置

医院的出入口是市政道路与医院内部交通过渡的区域,医院的出入口衔接了医院内外的交通,出入口的合理设计对医院的布局和交通顺畅有重要的直接影响。

(一)出入口位置

综观国内大型医院,主要出入口的车流、人流量相当大,一般建议主要出入口开在次干道上,不建议在同一主、次干道开放多个出入口。医院出入口若设置在城市主干道或交通压力较大的次干道,高峰时段进出车辆对市政道路影响较大,易造成城市交通的拥堵,既对城市交通不利,又对出入医院的车流造成影响,特别是车流缓慢易对危重病人造成急救的拖延。所以建议在干道与医院主要出入口之间设置缓冲辅道。进入医院地下车库的就医车辆也可设计专门的入库通道,可不经医院大门(如图 2-1 所示)。另外,医院大门与城市主干道交叉口的距离自道路交叉口算起不应小于 70m(如图 2-2 所示),否则易导致十字路口塞车。

图 2-1　车库入口设置在大门之外

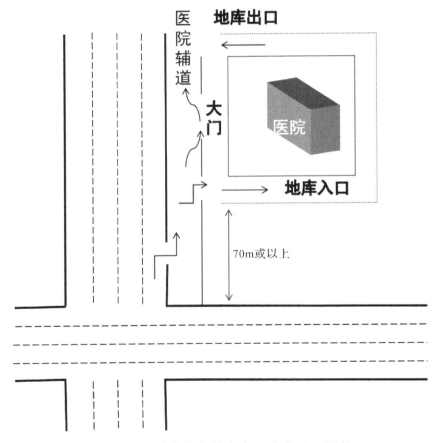

图 2-2　医院大门与城市主干道交叉口距离

（二）出入口分类

医院出入口设置决定了进出医院车流是有序还是拥堵。出入口不合理的设置,将导致急诊、就医、社会等车辆的进出较为集中,从而导致出入口拥堵不堪,交通秩序混乱。因此,医院需合理规划就诊车流出入口、工作人员出入口及物流出入口,最大限度地减少人流和车流的混杂。如果地理环境允许,医院应设置多个出入口,如急诊出入口、门诊出入口、住院出入口、工作出入口等,分别满足急诊、门诊、住院、后勤服务等不同分区、不同流线进出的要求,减轻院内外交通拥堵,确保医院紧急救护道路快捷、就诊病人及医护人员进出医院通畅、后勤物资保障便捷(如图 2-3 所示)。

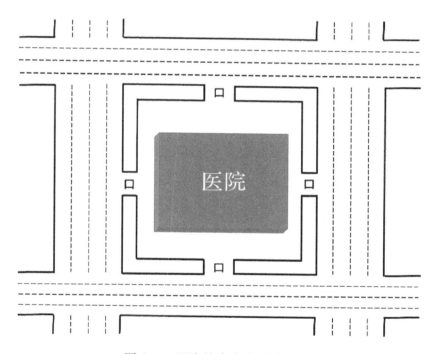

图 2-3　医院的多个交通出入口

（1）急诊出入口。急诊通道必须时刻畅通,才能争分夺秒。急诊出入口最好能独立设置。急诊入口要结合救护车行车路线布置,满足救护车直接进入急救中心的要求。在急诊楼出入口处必须设置救护车停车位,保证救护车能快进快出,同时设置出租车等临时停靠车位点,方便急诊病人进出,保障急诊交通车辆畅通。

（2）门诊出入口。医院门诊人流量较大,一般在交通较为方便的道路一侧设置门诊入口,并正对门诊楼两侧设立入口和出口,在门诊楼大厅前设立下客区和门诊地下停车场。就诊病人车辆通过门诊出入口直接进入地下车库,乘坐出租车和行动不便的人员也可通过弧形辅道到达门诊大厅前下车,步行就诊人员可通过门前广场直接进入门诊楼。

（3）住院出入口。住院区域需要安静的环境,医院需要根据用地条件实际情况,单独设置住院出入口,一般与门诊和急诊出入口独立。住院楼可设置独立停车场,为住院患者及家属提供良好的住院停车、探视停车,也为职工提供便利的工作条件。

(4)工作出入口。医院职工和后勤保障车辆出入口可合并设立,有条件的医院可单独设立。一般设置在交通支干道上,在对门急诊病人和医疗车辆不造成干扰的情况下,车辆可通过地面入口快速到达职工停车区和行政办公停车场。

三、医院的空中交通设计

空中应急救援近年来受到重视,许多新建的医院都修建了直升机停机坪,以满足空中应急救援要求。直升机停机坪最好设在急诊大楼屋顶,便于遇到紧急情况时能第一时间进行综合处理,同时设置专用电梯,以便急诊患者快速到达抢救室。

现代医院交通设计是否合理关系到病人就诊、医生看诊流程是否流畅,同时还关系到医院内部管理流程是否高效。在设计与建设医院交通的过程中,要根据医疗的特性,进行合理的规划,这也应该是医院设计布局的重中之重。周围交通拥堵是大中型医院的通病,设计医院时应合理设计医院的交通,设计前缜密思考、认真谋划,并和市政府相关部门沟通以取得支持。纵然把医院设计得再好,如果没有认真考虑医院的交通,也是设计中的败笔。

第三节　医院停车

现代医院作为社会公共机构和场所,为病人、探病亲友、职工等提供便利的停车场和充足的车位是医院形象和口碑的重要体现。许多医院在建设时,将重点聚焦在门诊楼、住院楼、辅助楼等楼体建设,常常忽视足够停车位的规划与设计,而医疗区地面到处停车会导致医疗区人流、车流和物流的混乱。新建的医院大多设计了地下停车场、立体停车场,但这几年医院的快速发展及社会机动车的急剧增加,致使进入医院的机动车数量倍增,医院原有车位普遍不够用,许多机动车只好停在距离医院较远的公共停车场,甚至停放在院外马路旁。这不但给病人就医及其家属探视造成极大不便,而且加重了医院周边的交通拥堵和安全隐患。加之医院在建设初期,忽略了对医院的人流、物流、车流通道的系统设计和论证,这都加重了医院停车困难。

医院车辆来源有三部分:一是病人就医、病人家属探视的车辆;二是医院工作车辆,如救护车、公务用车、货运车等;三是职工车辆。其中就医车辆和职工车辆较多,停留时间较长。所以应在医院设计建设之初,就对医院停车状况进行合理规划评估和设计,创造良好的医院交通秩序,提升就医的便利性。

一、合理规划停车位数量

医院在设计初期应重视停车场的规划,应有超前意识,不仅要满足现行的需求,而且应给未来发展预留空间。设计时,根据实际地质情况设立地下停车场、立体停车库(可以是机械式)。建设足够的停车位要评估医院究竟需要多少停车位。以一家 2000 张床位的医院为例,医院停车场车位与床位之间的配建比例最好是 1.0 车位/床位。总体而言,车位数规划需要注意以下要素:门诊病人就诊车位数、病人住院车位数、职工车位数、城市大小(人口、半径)、气候环境、经济条件、出行习惯等。

二、合理安排停车空间位置

为了满足病人及职工停车需要,根据医院功能规划、病人及职工停车时间的不同,对不同类别、不同区域的停车需求进行规划设计,并根据人流、车流的多少在医院的门急诊区域、住院部、行政后勤楼等地下室设置数量合理的停车位,并规划来院车辆便捷的行车路线。

(1)门急诊停车。医院是一类特殊的公共场所,病人有急、难、困的特点,门急诊车位规划也要充分体现这一特点。门急诊的人流、物流、车流量在时间的分布上有不均衡性,就诊停车应按现代化医院管理流程及理念对人流、物流、车流通道进行规划。在门急诊楼的户外空间预留一定的空间设立下客点。门急诊可利用门急诊楼前设立小广场、院内迂回道路,规划出合理的临时泊车位。门诊病人的停车场最好设置在门诊楼的地下,可通过垂直电梯到达就诊区域。如有可能,强烈建议在急诊楼处开设急诊急救出入口,急诊大门口设置 2 车道宽度,"绿色生命通道"仅允许通行救护车及急诊病人车辆。

(2)住院停车。住院停车场的使用人群是病人、探视的家属及相关的医务人员。使用比例较高的是医务人员,需要考虑:一是出入口;二是车库位置;三是车位数量;四是院内进入车辆的走向及人车分流。

(3)行政后勤及职工停车。按照不同类型的停车需求,划分出行政后勤停车区域和医院职工停车位。估算院内每天行政后勤车位和职工车位使用量,也可在医院行政区域或者较偏的区域规划出医院职工专用的停车区。

(4)入口下车点。为避免车辆多造成车辆进入医院困难、外围交通堵塞的情况,同时保证车辆在进出医院时能有缓冲的空间,应在医院主入口附近设置临时停车点及门诊大门口下客点,更好地实现人车分流。

（5）自行车及电动自行车停车。中小城市自行车和电动自行车的停车位设置对所在医院也很重要，应在医院内的特定区域设置多个自行车、电动自行车停车场，如急诊区域、门诊区域及住院区域，其中行政后勤区最好是在室内专设电动自行车车区。

三、合理设置停车场出入口

如前所述，医院一般应设计急诊出入口、门诊出入口、住院出入口、工作出入口。多个出入口有利于减少对院内和周围交通环境的影响，特别是在早高峰和晚高峰的时段，可以减少主出入口的车流。各出入口可方便迅速地把各类人流、车流引至医院的相应区域，同时也能把离开医院的人流、车流快速有效地融入城市交通之中。

医院内停车场是病人与医院接触的第一场所，合理设置停车场出入口不仅为良好的就医秩序提供了保障，在一定程度上提升医院运营效率，更重要的是能给病人提供良好的就医体验，提高病人满意度。加强医院停车场规划布局是维护医院运行秩序、提高运营效率、开展优质服务及强化医院内部运行管理的必然要求。同时，呼吸道传染病的流行对医院车流设计提出了新的要求，要对进入各区的人群及车辆进行有效管控。另外，医院伤医事件的发生及防恐要求，对人流及车流的管控提出新要求，医院设计者需要结合这些新要求来展示设计智慧。

医院停车难几乎是大中型医院的通病，给病人造成了就医的不便和时间延误。医院停车便利是除医院医疗外的重要竞争力，医院管理及建筑设计师应对此有足够的认识和重视，在设计出入口时必须有足够的前瞻性。

第四节　医院内部交通

医院是城市公共设施中非常重要的组成部分，不同类型的医院由于专业不一，院内交通要求也有所不同。医院建筑历来强调功能性，但许多医院往往忽视了交通规划设计。现今大部分医院在总体布局上采用门诊—医技—住院的模式，但各个功能区域之间的交通联系没有经过细致的分析和设计，对各功能区块之间的人流、物流、车流的设计考虑单一、不系统、不完善，特别是交通与功能用房的匹配性设计。医院内部交通规划作为医院规划中的重要一环，有必要全面、系统地提出与之相配套的人流、物流、车流的设计，让医院院区内不同的人流、物流、车流的动线合理有序，使其各行其道，互不干扰，为医院的高效便捷运行提供良好的基础条件，节约运行成本。按照现代医疗建筑的设计要求，科学合理地设计医院内部交通系统涉及平面交通和垂直交通，我们应从医院建筑体内交通、地下交通组织及院区内户外交通等几个方面入手。

一、医院交通衔接

医院的服务在不断更新提升,医院内部交通必须与外围交通有效衔接,而这种衔接必须以合理的医疗建筑群布局为基础。医院在设计规划时应对交通流线进行全面的规划,加强交通管制和引导,规范整体交通秩序。建设适合且方便病人就诊的医院布局,有效引导车流、人流、物流在医院的流动。

(1)建筑区域布局。医院在建设时,要围绕医疗流线对整体的功能区域进行合理的设置,将医疗区、医疗后勤区和行政管理区进行合理分区。门急诊医疗区一般设置在医院正门,面对次干道的位置,便于病人在第一时间内到医院就医,就诊病人的车辆一般停靠在医疗区的地下停车场或侧面独立停车场。医疗后勤区要紧邻医疗区,行政管理区要设在医院整体布局的侧方或后方,与医疗区适度分离,这样不仅有助于工作人员办公,也有助于医疗流程畅通。在建筑群布局中,应合理排布门诊楼、住院楼等(如图 2-4 所示),尽可能通过建筑体或廊街相连接,便于医务工作人员流动及病人转运。

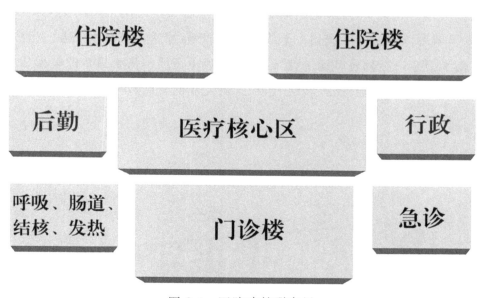

图 2-4　医院建筑群布局

(2)功能区域布局。医院在设计时就应当考虑是否便于病人就医,是否便于医生快捷到达,在确定科室分布时,要将不同功能区进行合理规划。如在门诊楼,将人流量较大的科室设置在底层,缓解人流及垂直交通压力。急诊设在门诊楼侧边,有独立的出入通道,避免急诊病人反复迂回。在医技区域的设计中,将消毒供应室等公共用房设在较低层,手术室应与血库、病理科、外科住院病房、外科重症加强护理病房(ICU)邻近,优化医院整体医疗流程。

二、建筑体内交通

在对医院内部交通进行设计的过程中,应该正确合理地安排各部门的功能分布和关联性,尽量做到各个部门分布合理。既要保证各部门之间能够充分联系贯通,又要减少各部门之间的相互干扰和影响,尤其是要关注院感。保证在医疗过程中病人高效便捷转运,保证医务人员能快捷到达诊区,保证医疗物品、物资和医疗废物的接收、存储和回收的便利,这些都涉及各类医疗楼的排布、楼层中科室的布局等问题。医院建筑内部交通设计应以此为脉络,提高院内交通流动效率。

(1)建筑体内的水平交通。医院建设设计时,建议将医院内医疗流动的主干道建设在同一个水平面,各功能建筑体通过建筑体走廊或天桥等互通在一起,建筑内以电梯及楼梯等来解决垂直交通问题,让不同功能的空间和单元有效结合在一起。医院不同建筑体以水平交通为主线,在交通空间中呈线性分布以及网状分布。在各幢大楼的中低层,楼与楼之间如果有大量的病人流及医护流,可搭建空中连廊,形成空中交通(如图2-5和2-6所示)。对连接通道进行设计时,要尽量减少弯路和转折,使病人及家属能够轻松地找到目的地,节省在就医过程中的移动时间成本。这能体现建筑的人文关怀,特别对一些行走不便的病人,只要借助交通工具(轮椅等),就可以通过水平交通主干线到达目的地,加速人员在水平方向上的快捷分散,减少人员聚集和混杂。在物资转运上,建筑水平交通主干线不需要昂贵的电梯成本和维护费用,并可减少医院的物品运输、病人转运、医护人员流动的时间成本。

图 2-5 连廊 1

图 2-6　连廊 2

各建筑体在设计时,应着重考虑通风和采光良好,结合建筑体情况综合考虑医院各功能区(部门、科室)位置。要做到功能分区合理、洁污线路清晰、布局紧凑,并预留发展空间。医技区应安排在环境安静、便捷可达的中心位置,设计诊疗区时要考虑缩短工作和就医路线,充分发挥高效集约的特点,同时减少或避免交叉院感,其中门诊部、急诊部应处在医院主要入口处,各建筑之间留有相应的绿化带。不同部门的交通路线应避免混杂交叉,各出入口应与各部门紧密联系。合理组织水、暖、电设备供应线路,尽量缩短长度,减少损耗。

(2)建筑体内的垂直交通。垂直交通主要是指建筑体内的楼梯、扶梯、电梯,其主要问题是垂直交通的位置和数量设置,这需要根据平面人员的流动情况、楼层可能的最大人流及消防的要求来确定。重要的是把人流大的科室(特别是门诊)放在低层,减少高层垂直交通的压力,减少电梯拥挤。

(3)流畅的建筑体内交通。建筑内部的人流、物流交通组织设计是医院建筑功能组合中的一个重要环节,关系到医院的管理模式、医疗组织模式和智能化管理程度。在设计医院布局时,应根据不同性质的使用空间来实现合理布局,处理好公共空间、就医诊疗空间、休闲空间、病房空间等众多空间之间的关系。以病人在门诊就诊为例,就诊过程的交通流线是公共区—门诊诊疗区—功能检查区—公共区,也就是由一个开放性的空间到私密性的空间,再到开放性空间的流程,如将门诊楼中心底层设计一个共享空间,四周再设尽端走廊,布置科室。住院楼也是相似的情况,病区可以是单廊,也可以是双廊,通常是南侧布置病房,中间布置护士站,北侧布置医护用房,并设计出医护人员的工作区域,以此实现流线清晰、各功能区分明,建立一个为病人服务、方便医护人员工作的良好的医院诊疗环境。

三、地下交通组织

合理的院内交通设计是良好就诊秩序的保障,混乱的交通路线除了会给病人及其家属带来不便,还直接影响医疗的效率。在设计、建设医院时,可充分发挥地下停车场的引导作用,以建筑的地下空间为主线,建立地下空间交通网络体系,将医院各功能建筑在地下联系起来,贯穿医疗区各功能单元,减少病人及家属在地面不必要的来回奔波。因此,需要合理布局医院的地下交通,使繁忙复杂而又有序的车流和良好导向的人流有机结合,从而使人员流动方便快捷。相较于国外,国内医院发展迅速,医院可根据院区地形和周边条件,在各建筑体(门诊、医技、住院)地下设置2~3层或更多层次的地下空间,使各地下空间形成满足停车及人员快速到达目的地需求的地下交通网。将地面道路的交通和地下通道有机连接,形成上下空间体系,扩大各类人员的可达范围。但是,在传染病流行期间,地下交通网可能要全封闭,所以在新建医院时,也必须有完整的地面交通网。

四、院区内户外交通

医院本身功能的特殊性,决定了其交通特点是人流、物流及车流量大。人流包括病人、病人家属、来访人员、医务人员和培训人员;物流有食物、药品、器械、生活垃圾及医疗垃圾等。医院室外交通系统的组织,除应符合一般的交通组织原则外,还应符合医院的医疗流程,并充分考虑到医院组织模式的可变性,为医疗可能的流程变化留有余地。特别要关注垃圾及污物的流向。总体来说,要构建人及物的顺畅交通流线。

(一)合理分流内部交通

医院内部交通布局直接影响内外交通衔接和医院的整体交通环境,应对进入医院的每类车流都设置水平方向和入地、上地的专用路线,从而避免车流线路交叉,使院内交通更加合理高效。应充分利用医院主入口留出的较大广场或停车场来集散人流、车流。除救护车等外,医疗区地面原则上禁止外来车辆出入。新建的医院建议不设地面停车场,减少车流对院区内人流和物流的影响。

（1）人车分流。医院规划时可按照医院功能布局并结合周边道路条件，对进出医院的车辆实行分类组织，进院车流根据功能分区就近进入地下车库，门诊车流则直接进入门诊楼地下车库，住院探访车流从住院出入口直接进入住院楼地下车库。人和车的流线从医院入口处就实现有机分离，互不交叉。医院内部环路只作为人流和非机动车通道，以及紧急时救护车、消防车等的通行车道，从而最大限度地避免机动车在院内通行造成的噪声和空气污染，也最大限度地避免机动车给医患人流可能带来的安全隐患。

（2）车车分流。进院车辆有救护车、门诊车辆、探视车辆、行政后勤车辆及职工车辆。救护车可通过地面急诊入口直接到达急诊楼门厅，门诊车辆可通过门诊出入口到达门诊大厅的门口广场或通过地下车库入口直接进入门诊地下车库。对进出门诊区域的车辆实行单向交通、车辆分类、分道行驶，设置相应车道专供进入地下车库的就诊车辆、出租车排队车辆、送客即停即走车辆使用。

（3）医患分流。住院和门诊病人，食品和药品供应路线建议各自形成单向流线，特别是污物车辆路线应单向，尽量不交叉。医院的行政后勤楼位于医疗区后侧或外侧面，可设独立的职工出入口及停车通道，与病人的车流分开，职工和病人的车流互不交叉，实现医患分流。

（二）合理规划交通道路

院内道路也应有城市化的交通组织概念，医院内各功能分区之间均应有干道相通。院内主干道应人行道与车行道分设，车行道宽一般为 5～7m，如果兼具消防平台功能，则宽度为10～12m。人行道在车道两边，每边应留足 1.5～2m。医疗建筑之间以支路相连，道宽只要方便两车交会即可。道路最大纵坡不应大于 3%，道路交叉口最小转弯半径为 6m，一般为9m，主入口 9～11m，次入口 8m 左右。院区道路设计可采用环形车道（消防车道），可设单行车道以方便进出，应满足消防车通行的宽度、高度及转弯半径要求，并设回车场。道路路面建议采用柏油马路。院区道路两侧应设有路灯，路灯风格根据医院建筑风格而定，同时路灯亮度应合理把控，流明太高会影响病房病人休息，太低则不利于照明。医院道路应有完整的标识系统，尽量减少人流穿越车流。

国内新建的医院停车场目前倾向于用地下停车库，一般有 2 层，有的规划了 3～4 层，并进行合理分区，用垂直电梯把病人和工作人员送到目的区域。由于地下室还需要保证大楼的水箱、空调机组、发电机组、变电所、通风机组等大型设备空间以及人防要求，第一、二层地下车库能提供的车位数往往不多，如果地质状况允许，建议设计足够的地下空间。

医院人流、物流、车流结构复杂，流动频繁，目的地多，往返多，医护人员往返时间成本高，这就要求建筑设计师有大格局、大视野，仔细设计各类交通线路，实现快捷顺畅，多快好省。

第 三 章
医院建筑群

目前，医院建筑设计形式主要有两种：一种是大基底加塔楼；另一种是分散式设计。大基底加塔楼是现代医院设计的流行趋势，而分散式设计常常是各医疗楼既分散又连接的结构。医院建筑体以何种方式布局，主要依据地理环境、使用要求和建筑师风格等因素。有的是高度集中，有的是"摊大饼"。紧缩型高度集中布局的建筑体拥挤，通风采光差，建筑体过高，垂直移动成本高；"摊大饼"布局自然采光、通风好，但路程远，水平移动成本高。不论是大基底加塔楼还是各楼连接的分散式设计，都各有优缺点。

第一节　医院建筑群的布局

医疗建筑与其他公共建筑有本质的区别，它是为病人提供医疗服务的特殊公共场所。随着人们对医疗服务要求不断提升，医院的服务性质的特殊性、各建筑体使用的差异性导致其建筑群的差异，并在很大程度上影响医院建筑群的布局。医院建筑的本质要求是符合医疗运行、医疗流程要求的合理流动线路，方便就医过程，体现人文关怀，符合院感要求、消防要求以及建后使用的便利和运维成本的节约等。因此，在医院建筑规划设计时，合理的建筑群半径可以更加凸显以人为本的理念和原则，注重医院建筑的功能性和运维的经济性。

本节提出医疗建筑群的分布半径这个概念。医院部门繁多，各部门功能用房各有特点和要求，如何合理布局大有学问。有的老医院改造基本无序，而有的新医院从一个部门到另外一个部门距离很远（达到 400m 或更长），造价和运行成本非常高。合理设置医疗建筑群的半径、主楼高度及相应用房位置是考验设计智慧和能力的重要因素。

一、现有医院建筑群的空间布局特点

现代医院，尤其是新建的综合性医院，其建筑布局越来越多样化。许多医院建筑总体布

局采用集中式全楼设计,将医院各种功能用房集中于一体,以期达到医院各部门之间紧密联系,高效使用建筑面积和节约能源的目的。这类建筑功能半径相对较小,将病人的所有医疗过程集中在一个大型建筑体内完成,以最大限度地缩短病人和医护人员的诊疗流线。这类布局目前在我国比较普遍,特别是在中小型医院。但这类建筑群基底是一个"小饼",由于整体比较集中,通道相互交错,许多功能用房可能没有窗户,造成自然采光和通风效果不佳,全天需要照明和机械通风,运行成本相对较高,病人进入建筑体内如同进入迷宫,方向性、目标性差。也有许多医院采用分散式多楼设计,将各功能建筑独立设立,不仅自然通风良好,而且能避免院内交叉感染,这类建筑群的分布半径相对较大,需要通过连廊将各建筑群体连接,使其相对独立又形成整体,但连接通道若又长又宽、半径大,将导致造价成本、人力成本、运行成本、保洁成本增高。现实中不同设计师有不同的思考角度,医院建筑分布半径也大不相同。

二、医院建筑群的分布半径

医院的建筑体中医疗部门繁多,使用功能和交通流线错综复杂。通常综合性医院在总体规划上可分为医疗区和行政后勤保障区两大功能区,其中医疗区是医院日常业务的重要组成部分,主要由门急诊、医技科室和住院部组成。医院建筑空间布局的核心在于遵循以人为本的理念,科学设计各个医疗区,合理规划建筑群分布半径(如图 3-1 所示)。在实际工作中,既要确保各部门联系便捷,医疗服务流程顺畅,又要尽量缩短患者就医路径,应从以下几个方面考虑。

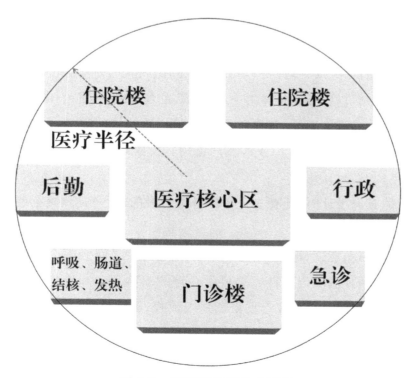

图 3-1　医疗建筑群分布半径

（一）充分考虑医院各建筑体功能，对其进行合理规划

设计之初如何布局各建筑体，使之很好地协调联系，是整体初步设计阶段需要完成的重要步骤。一般来说，医疗建筑可采取中轴对称的形式，如医疗区主入口朝南（也可是其他朝向，主要看地块而定），与就诊的主要人流方向相吻合。门诊大楼的一侧为急诊楼，另一侧则可以是与感染相关的科室。建筑群呈长方形或正方形分布，建筑形体简洁美观，视野开阔，通风、采光的效果较好。也可采用街区式的建筑布局形式，在建筑体的中心设置一条医疗街，将医院的多个子部门连接起来，形成一个有机的整体，以达到快捷的医疗服务的目的。

（二）充分考虑就医服务流程，减少不必要的交通流动

由于楼内的部门和科室繁多，各自有特殊要求，不同部门既相互关联又相对独立，共同服务前来就医的病人。医疗建筑是人群流动特别多的建筑，同一病人的就医流程手续、涉及的部门或科室也多，医院科室分布半径过大将不利于医院的高效运行管理，增加医院运行成本，同时容易引起医疗意外（如病人跌倒）。

（1）在设计时要有全局观念，把医院当作一个有机整体，根据医院的工作流程和工作流线，对各功能板块与部门进行科学的区域划分和有机整合，实现部门、科室的优化配置，以最大限度地利用人力、物力、环境及设备等。例如以医院核心科室（医技科室、ICU、手术室、血库等）为中心设置，以便快速便捷地到达各医疗功能区，为病人急诊急救及医护人员流动设计良好的流线，从建筑结构上促进医疗服务质量和效率的提升。

（2）病人是医院的服务对象，医院要为病人营造方便、舒适和安全的就医环境。通过优化空间布局减少不必要的行走或转运路程，要让病人到医院就医时能感受到便捷舒适。如常用"枝叶状"的平面布局，即以中心建筑体为主干，功能区为树枝，科室为树叶。

（3）注重医护人员的工作感受，为医护人员提供舒适便捷的环境。病人转运、医生会诊、学术研讨时，医护人员都要在各部门或科室间流动。建筑半径过大，会带来工作不便和时间浪费。

（4）在进行整体布局设计时，还要充分考虑各类患者的转运情况，减小各类疾病之间交叉感染的概率。

医院建筑群的不同功能区、部门、科室以及各功能要素之间错综交叉的关系网共同构成了医疗建筑群的复杂性。医院建筑群需要科学合理的整体布局和功能区域划分来提高医院运行的效率，只有将医院建筑体分布与医院的服务流程、管理要求融合，才能提高医院的运行效率。绿色医院应由绿色建筑、绿色医疗、高效运行三方面组成，而分布半径决定占地成本、造价成本、运行成本和维护成本，在合适范围内控制建筑群分布半径是医院管理者及设计师应该考虑的重要因素。

第二节　核心建筑体及周边建筑体

医疗建筑是复杂的公共建筑,从建筑设计上来讲,医院建筑因所属地形、设计师的风格及偏好不一,其形状和设计流程千变万化。总的来说,医院建筑是为了给病人、医务人员提供一个安全舒适、便捷顺畅的医疗环境。医院在规划设计时,应结合建筑设计要求和医疗特点,考虑医疗建筑在使用过程中的空间利用、医务人员对空间使用的满意度以及医院运营过程中的运行成本和人物移动时间成本。如何对医院内部核心建筑体及围绕核心的周边建筑体进行合理的设计,需要根据医院的性质、规模大小等实际情况而定,但基本原则应是一致的。

一、医院核心建筑体

医院核心建筑体即医院医疗各科室都要共享的集中建筑,它不是一个或多个建筑高楼,而是医院各临床科室都要用到的科室且需要相对集中,是多个医疗医技科室、部分临床科室和部分后勤科室的集合区域。主要针对共用的医技科室和临床科室而言,是把相对独立的医技科室、临床科室进行科学合理的组合,划分核心建筑区域,形成共享的医疗医技体系,也就是医院的医疗核心区。目的在于优化流程,缩短转运路程和时间,提高医院效率。医院的核心科室主要包括放射科、超声科、检验科、病理科、内镜中心、血库、肺功能室、脑电图室、肌电图室、心电图室、消毒供应中心等科室和部门。

二、核心建筑体与周边建筑体分布

要以病人为主体,以各项医疗活动过程为出发点,进行科学合理的划分和设计。随着医学技术不断发展,各种高、精、尖医疗仪器和设备日新月异,检查范围也不断扩大,医学检查特别是重要的临床支撑检查在临床诊断和治疗中的地位越来越重要。设计师在设计时应将医学检查科室(医技)及部分临床科室相对集中而形成核心建筑体。医学检查科室主要有放射科、超声科、肺功能室、心电图室、脑电图室、肌电图室以及核医学科等,临床科室有 ICU、手术室、血库、病理科等,支持的部门有消毒供应中心等。核心区域相对自成一区,又要合理分块、分层。由于门诊人流大,医院的医疗核心区与门诊有千丝万缕的联系,但也必须与急救中心、住院部相近或有便捷的连接通道。内部分区时将各科布置成相对独立的区块。核心建筑区域确定后,门诊、急诊、住院部等相关科室以这些重要科室为中心呈放射状排列。这种布局在中小型医院特别适合。从效率来看,将医学检查等设置在一个区域,可以方便病人在一个区域内即可完成多项检查,减少来回奔波,节约时间和体力。

对于大型医院,由于病人集中,同样可以医疗核心科室集中为原则,但部分大型设备如计算机断层扫描(CT)机、磁共振(MR)机、超声仪等设备也可分布到相应的住院楼(大型医院有多台 CT 机、MR 机、超声仪等设备)。从学科功能性、复杂程度及与各临床科室关联性考虑,手术室、ICU、检验中心等特殊医疗科室是医体系中的重要科室,建议作为核心建筑体重点布局。周边建筑如外科、内科等医疗大楼可独立分布在核心建筑体周边。合理设置大型设备检查区域,原则是总体集中,部分分散。如外科医疗区应以手术室为核心,其他相关科室如供应室、外科重症监护病房、病理科、输血科相对邻近。大型医院的大型设备检查区域也应相对集中,部分分散的科室有放射科、超声科等。

医学发展日新月异,医疗装备迭代更新、医学模式在转变,医院管理方式也在不断变化,新技术、新设备对医院建筑规划布局提出了更高的要求。只有对医院运行有比较全面的了解,才能设计出顺应医学发展的医疗建筑以及合理布局医院核心建筑体和周边建筑。

第三节　医疗街功能及分布

前面章节已提到医院的内部交通,对造价、移动成本、运维成本做了描述。医疗街是近二三十年医院设计建设的重要内容,有必要单独进行介绍。

各类医院大量兴建,专业化设计和医疗功能有效整合及医疗流程发生了改变,人们对医疗需求和医院建筑设计提出了更高的要求。医院的建筑设计是一项非常复杂的工作,医疗街的出现可以更好地满足医院功能要求。如何更好地了解医疗行为及使用者的需求,打造功能化、人性化的医疗街,成为医疗空间环境优化设计的重要内容。

一、医疗街功能

医院流线组织是医院建筑设计中的重要一环。医疗街采用一条或多条主通道,在相对复杂的医疗建筑群中,把门诊、医疗核心区、住院部等大楼串联起来。各部门通过医疗街直接或间接相连。宽畅的医疗街上可以设置各种公共服务场所,如餐厅、休息室、书吧、超市等,方便病人,体现以人为本的理念。这种布局可增强识别度,连接各医疗部门。医院整体布局实现系统化、区域化、功能化,流线清晰明确,服务功能强。

二、医疗街分布

医院如果用地紧张,多数建筑往往选择垂直发展和集中式布局。但集中式布局的医院通常也会在水平方向上采用一条或多条主通道贯穿建筑体或建筑群,各分支为功能区块。以医疗街作为医院交通主线,分布在医疗街的每个功能单元(单体建筑)的内部交通廊道无缝连接,这种组织结构往往先以水平为基本分布,然后是立体和多层次的。垂直交通如电梯、自动扶梯、楼梯等一般设置在单元体与医疗街交接的节点部位以及单元体内部交通空间的节点部位,以实现医疗街水平交通与垂直交通的有效、便利转化。这样的交通体系使大单体建筑内部和主医疗街联系起来。也有许多医院总体布局分散,由一幢幢独立的医疗建筑体组合而成。通常将医疗街作为主通道连接各医疗大楼,并以其他连廊或走廊作为次要通道与医疗街进行连接,也可通过其他联通方式进行补充,形成多通道、便捷高效的树状内部交通体系。

(1)优点。以医疗街布局的医院,流线组织是以水平交通为主的分流式组织架构,随着水平人流的聚集而进行逐级的阶梯式分流。在这样的流线引导下,各种流线清晰明确且互不交叉,在病人就诊线路上具有很强的引导性,降低了就诊人群的线路认知成本,每个功能单元都是相互独立的,可以避免各种人流、物流交叉引起的就诊和管理混乱。同时医疗街(可以是多层)作为整个院区室内的交通主线,贯穿医院整体,这种特性使得其不仅可以成为人流的交通要道,也成为物流和电器设备路线的主动脉。

(2)弊端。医院几乎全部的流线都依靠医疗街这样的架构来进行组织,其流线是较为集中的,而功能单元(建筑单体)中的分支流线相对简单。首先,医院大部分单元之间并不是直接联通的,而是通过医疗主街进行串联,医务人员及病人需要在医疗街不断来回走动,增加了相关科室之间的交流成本和医院的运营成本,也增加了病人就诊的时间成本。然后,人流在医疗主街上的集中容易造成主街交通负荷过重,环境嘈杂,并增加交叉感染可能性,也不利于人流在突发紧急情况下进行疏散。最后,大型医院的医疗街体系必然是庞大和复杂的,流线分支也比较多,如果内部空间的引导性和辨识度不高,病人在大建筑体的内街道行走时又无法看到外面的建筑体,医疗街就容易变成"迷宫",降低了医院交通的运行效率。

医院的服务宗旨是以病人为中心。医疗流程在满足医疗服务的基础上,应尽量缩短病人的就医时间,同时关注医护人员的感受。医疗街结合医疗特点和建筑流程来设计,加强各部门、各科室之间的联系,解决大型综合医院复杂人流、物流的体系问题,在大型综合医院设计中具有很强的适用性,值得借鉴。各医院应考虑自身特点,选择合理的流线方式,设计出更加高效便捷的医院人流、物流等动线。

第四节　医院建筑的外观

医院建筑是一个国家、一个地区的社会基础建设和文明进步的重要标志之一。随着我国经济社会的快速发展，人们对医疗建筑外观结构和内部环境的要求越来越高。如何使现代医院建筑外观设计在满足医疗功能的基础上，更好地体现建筑的艺术性和独特性，使其外在形式和内在功能较好结合，是众多医院建筑设计者需要思考的问题。

一、医院建筑的造型

每个城市都有属于自己的地标性建筑，如"鸟巢""水立方""深圳地王大厦""上海中心大厦"等。这些建筑都非常注重外观的元素设计，细节处彰显设计者的巧思，建筑外观结构的庄重性、趣味性和观赏性都很强。但医院建筑作为一种特殊的公共建筑，不能因为追求外观的标新立异而忽视其建筑结构的功能合理性。受医疗本身特点的制约，医疗建筑很难成为地方城市的标志性建筑，从建筑的高度、形态来说，医疗建筑应符合大众的基本认知和心理预期。现在有许多医疗建筑设计师，为了使自己的设计作品在招标时有亮点，喜欢在医院建筑的外观设计方面求新、求特、求异，如把医院外观设计成细胞结构、蜂巢结构。殊不知，这些造型奇特的医疗设计都是以牺牲建筑中关键的面积、平面及空间结构为代价的。异形建筑虽然外形流线生动，但是建筑空间使用面积受限。长方形建筑虽然中规中矩，造型死板，现代气息不浓，但是建筑成本低，空间大。医疗设计的出发点永远是人性化，而非外观造型的奇特新颖。人性化医疗建筑设计的落脚点是医疗建筑空间布局可以最大限度地满足医疗工作需要，使医疗环境与医疗功能相适应。因此，医疗建筑作为一种特殊的功能建筑，其外观造型不能像文化馆、艺术馆之类一味地追求独特新奇，只要简洁大方、庄重典雅即可。过多的边角和不规则的形状会严重影响空间实际使用，造成空间浪费。纵观许多著名医院的建筑造型，基本没有奇形怪状的，这也是由医院建筑功能的特殊性所决定的。但近年来，有的建筑师喜欢把奇特设计引入医院建筑外观，这种方案虽然吸引眼球，在方案评审时取得高分，但实际使用并不符合医疗特点和医疗要求。

二、医院建筑的外墙

俗话说，人靠衣装马靠鞍，建筑要吸引眼球，也需要有绚丽的"外包装"。从古代宗教建筑的装饰立面处理,到现代建筑的玻璃幕墙立面等都属于建筑的外墙设计。建筑外墙作为建筑直接为人感知的部分,是整个建筑的空间、结构的综合表现,也是建筑创作思想的外延体现,是构成建筑的重要组成部分。当前,许多建筑师为了彰显自己独特的设计思维,都非常注重建筑外墙的设计和艺术效果。因此,在大城市,我们可以看到许多具有独特意象、富有个性元素、造型新颖的建筑外墙,它们都巧妙地使用石材、膜材、木材、金属、玻璃或乳胶漆等。

一般而言,医院建筑外墙最好是中规中矩的平面,不应通过过多凹和凸的点缀来体现医疗建筑的立体感,因为这些凹凸点必然会增加建筑的漏水概率和积尘概率。医疗建筑内以诊室、病房和各种功能操作间为主,漏水会给工作和处于内环境中的人带来不必要的麻烦和困扰,而积尘则会增加大楼外墙的清洁频次,增加费用支出,从成本和效益的角度来看并不可取。另外,目前许多医院建筑外墙时兴用横线条,日积月累会堆积大量灰尘,一旦下雨,灰尘随着雨水冲刷容易在外墙上留下污痕。因此,医院建筑外墙设计时不建议用横向线条,而建议用竖向线条来增加建筑的流线感和立体感。此外,高楼基本都是平顶,顶上有女儿墙,在设计时,女儿墙顶盖板应适度向内倾斜,使雨水可以内流而不是外流,以减少建筑外立面的雨痕水迹。总之,医院建筑外墙的设计,在考虑其经济性、功能性、美观性的同时,更多的还要从医院的实用性和安全性来考虑。

三、医院建筑的外墙材料

医院建筑外墙的材料主要有石材、玻璃幕墙、条砖、铝板、真石漆和乳胶漆等。

(1)石材。20多年来,建筑外墙的干挂石材技术已得到广泛应用,其优点是石材和外墙间有一定空间,可以起到保温作用,同时石材又具有耐水、耐腐蚀,美观大气等特点。但由于安全性和石材自重大,自2015年后,浙江省医疗大楼二层以上部位不得使用石材幕墙,石材一般只适合用于建筑底部的局部点缀。

(2)玻璃幕墙。自20世纪80年代起,玻璃幕墙因其美观、自重轻、采光好等特点,在商场、写字楼、酒店、机场等大型建筑和高层建筑上得到广泛应用。但由于玻璃幕墙结构胶的老化或维护不力等,许多地方发生了玻璃幕墙爆裂坠落,甚至伤人的事故,给公众的人身安全造成了威胁。因此,许多地市政府都出台了《建筑玻璃幕墙管理办法》,禁止在住宅、中小学校、养老院、医院等建筑的二层以上部位采用玻璃幕墙,这些规定使得医疗建筑外墙使用材料的选择空间变小。

(3)条砖。条砖是20世纪末的常见外墙材料,其具备较好的耐久性和质感,容易清洗,有防火、抗水、耐磨等特点,在外立面应用中质感强、色彩丰富。20世纪八九十年代,条砖在我国被大量采用,但这类砖通常属于刚性材质,会随着气候的变化热胀冷缩而空鼓,甚至脱落。条砖在高层建筑使用时容易脱落,砸伤行人等,因此在20层以上的高层建筑以及学校、医院等人流量较大的公共设施也被禁止使用。

（4）铝板。基于外墙保温要求，很多医院会选择铝板作为外墙材料。铝板耐久性好，不褪色，无裂纹，色差小，保温性好，抗污染能力较强，清洁方便且防火，而且其加工性能好，平整度高，自重轻，抗震性强，但是时间长了易发生油漆变色和脱落，所以选择质量好的铝板很重要。

（5）真石漆。其材质主要以天然石材粉碎颗粒做成，真石漆一般分为单彩或多彩，具备良好的附着力和耐冻性，许多医院建筑采用真石漆作为外墙材料。

（6）乳胶漆。乳胶漆是目前最常用也是最简单的墙面材料，但易龟裂渗透、平整性差，且保温效果不佳，但整体性强，施工简便，色彩丰富，选择多样，再刷漆也方便。

四、医院建筑的外墙色彩

医疗建筑的外墙色彩选择得当与否直接影响人们对医院整体形态的视觉感受。外墙色彩应根据当地的文化、传统及气候而定，国外医院的色彩丰富，国内医院大部分采用灰色系。合理选用建筑色彩能够营造良好、舒适的氛围，利于病人康复（如图 3-2 所示）；色彩搭配混乱则会对人们的视觉及情绪产生不良影响。

图 3-2　医疗大楼

在选择建筑外墙色彩时需考虑色彩的物理和心理效应。不同色彩对阳光的吸收不同，黄、白色等反射系数最大，浅蓝、淡绿等浅淡色彩次之，紫、黑色反射系数最小，采用反射系数大的色彩可以增加环境的亮度。最明显的例子是，在炎热的夏天，人们总爱穿浅淡色的服装，感觉凉爽些；而在寒冷的冬季，人们则偏爱穿红色等深色调的衣服。同样，医疗建筑外墙色彩若选择不当，反射系数小，墙面温度高，容易使外墙面粉刷层脱落，影响医疗建筑的整体美观。目前大多数医院整个院区的楼群为同一色系，但也有医院尝试在一个院区内的不同建筑采用不同色系，以增加辨识度，增加目标的导向性，方便病人及家属快捷地找到目的地。

医疗建筑外墙的材料选择要根据建筑体的高度、当地的气候条件、防火要求、造价及文化特性来定，而色彩选择可考虑当地民族、区域百姓对色彩的喜好和认同感，再辅之以医疗特色。另外，医疗建筑外墙色彩的选择应遵循耐脏原则，以减少反复清洗外墙的费用，颜色上宜选淡灰、浅咖啡色、灰白或者米白为基础色，再进行局部色彩点缀，以增加建筑体的空间层次感和节奏感，营造和谐、暖心及温馨的氛围。

总之，因医疗的特殊性，每类医疗用房都有面积要求，医院建筑的造型以中规中矩的方形结构为好，尽量避免弧形、三角形、椭圆形的结构。

第 四 章
门诊空间布局

一般来说，一家医院的门诊业务量占医院的三分之一到五分之二。一定规模的综合性医院门诊量非常大，日均诊量为5000～10000人。前面谈到医院外围交通及出入口合理设计是缓解医院门口车辆拥堵的基本要求。门诊内部相关科室的设置、流程的规划、候诊厅的设置、诊室的分布也非常有讲究，因此我们需要思考一家医院门诊大厅究竟需要多少面积才能有效地引导分流，各诊室等候厅需要多少面积，诊间的数量设置等，这些都需要根据医院的规模、专科特点来确定。各门诊区往往是叠层分布的，什么诊区放在低层，什么诊区放在高层，这些都需要认真布局。有的诊区有一定的检查设备及一些简单治疗功能，这就要求预留较大的建筑面积；有的专科诊区对设备检查依赖度高，就需要靠近医疗核心区。这些都在考验设计师的经验及对医疗的了解。

第一节 门诊总体布局

在医院门诊空间的设计中，需要在综合考虑整个院区的功能分布、流线和形体展示等基础上，服从医院总体规划，同时思考最短动线、主次分明、合理分布，结合消防逃生、院感等问题，坚持以患者为中心，并考虑医护人员的工作条件和心理感受，在保证医疗功能合理布局的情况下，最大限度提高门诊的便捷性、舒适性和美观性。门诊空间合理布局在医疗建筑中承担"脸面"作用。

一、医疗特点及要求

（一）科室属性

门诊是医院医疗服务的首站窗口，也是病人进入医院第一个接触的空间，是医疗服务的综合部门。

（二）科室特点

（1）人流量大。不同规模、不同等级、不同专科及不同服务人群和不同服务区域范围的医院门诊量大小有别，特别是服务区域范围大、技术水平高的医院，一般来说门诊量大，加上陪护人员及家属，许多大型医院每天门诊总人流量可达 15000 人以上。

（2）环境嘈杂。由于所有人流基本都需要经过门诊大厅，所以大厅人群密度高，需要大空间及有吸声降噪功能。

（3）病人体质差。门诊人群流量大，且多数病人身体机能差，要求布局各类的部门前端服务。

（4）就诊峰值。需充分考虑单位时间总门诊量和各科门诊就诊患者数量峰值，为患者提供适宜的诊疗路径和候诊空间，各诊区要求路径清晰明确，患者能够快捷到达相应诊室，便于快速分流，减少往返。

（5）分布要求。门诊科室布置需将患者流量大的科室放置在低层，如内科、外科、妇科等，既可减少垂直交通压力，又可方便患者，有助于提高诊疗效率。人流量小的科室布置在高层，如耳鼻咽喉科、口腔科、中医科。也可将诊疗依赖性强的科室放在一起，如骨科、神经科与放射科相邻近，有助于减少患者往返路程。

（6）通风采光。在确保使用功能的前提下，建筑可以设置中庭、景观庭院，通过立面引入更多的自然通风和自然采光，既可体现建筑的艺术性，又可体现以人为本的服务理念。

（三）位置要求

门诊是医院诊疗的前端区域，服务时间为白天时段，人流量大。门诊选址应靠近医院交通入口处，尽量缩短病人进出门诊的院内距离，同时应与医院的医疗核心区邻近。

二、法规、标准、指南及其他

《综合医院建设标准》（建标 110—2021）；

《综合医院建筑设计规范》（GB 51039—2014）；

《无障碍设计规范》（GB 50763—2012）；

《医疗机构门急诊医院感染管理规范》（WS/T 591—2018）；

《医疗机构设置规划指导原则（2021—2025 年）》（国卫医发〔2022〕3 号）；

《中国医院建设指南》（第五版）。

三、相关占地大的医疗设备、医疗家具及特殊要求

门诊涉及科室较多，各科配备的设备不一，具体医疗设备、医疗家具及特殊要求等在具体门诊区域描述。

四、规模及功能用房

门诊规模应根据当地人口结构、服务范围、人口规模以及医院专科亚专科等综合考虑，门诊诊间的数量根据医院临床科室规模和类型确定。门诊人流量越大，亚专科细分得越多，专科配备的设备越多，门诊需要的面积和诊间也就越多。根据《综合医院建设标准》，门诊用房面积占医院总建筑面积的12%～15%，当然，这还应根据具体医院背景而定。按照医疗、附属用房使用情况及患者就诊流程，门诊区域可分为公共、诊疗、保障等功能用房。诊疗区分为普通诊疗区和特殊诊疗区，这里所指的特殊诊疗区是内部布局更复杂和特殊的诊疗区，如妇产科、眼科、耳鼻咽喉科等。诊疗区一般分为候诊区和诊室两部分，当然根据医学的发展和医院专科特点，门诊的布局可相应具体化。

按照分区设置功能用房，其中公共部门设置在门诊大厅，如预检分诊台、挂号处、自助服务区、等候休息区、收费处、药房、住院办理中心、日间手术办理中心等。有条件的可设立书吧、咖啡吧等，门诊部的配套保障有门诊办公室、警务室、医疗保险办公室等。各诊区设置门诊护士站、诊室，有的科室还需设置治疗室、污物间、污洗间、更衣室、贮藏室、卫生间等。一般来讲，污物间、污洗间、卫生间应每个楼层统筹布置。各楼层还应布置新风机房，有的楼层还需布置强弱电间等。

五、平面功能布局

（一）医疗及辅助用房

(1)门诊大厅。门诊大厅是医院的前端服务区域，是医院门诊重要的组成部分，主要功能有预检分诊、咨询、建卡、付费、取药等，服务科室及一些非医疗设施，如咖啡厅、书吧等也可在大厅附设，其他如住院预约办理、日间手术预约等是近年来发展的新要求。门诊大厅的形式有合厅与分厅两大类，目前绝大多数医院均采取集中式大厅的布局方式，将挂号、收费、预约、取药等功能设在一个完整的大厅内。

(2)预检分诊台。为避免患者在门诊大厅挂错号而重新挂号，增加人流压力，需为患者设

置专业的分诊导医台,给予患者挂号建议,面积一般在 $20\sim30m^2$。

（3）各诊区候诊空间。诊区候诊空间是医院门诊重要的服务空间之一,是患者在就诊过程中停留时间较久的区域,其面积和环境的舒适度、便捷性与患者在等候时的心理变化、急躁焦虑程度、情绪起伏有直接的关联。为患者提供一个宽敞明亮、舒适温馨的充满人文关怀的候诊空间就显得很重要。目前医院的候诊空间多采取两次候诊的形式。

①诊区一次候诊。一次候诊人员较为集中,候诊时间偏长。因此需要有一个舒适温馨的候诊环境,这就必须具备足够的平面空间。候诊空间的面积参考科室人流量而定,但随着分级诊疗、智慧预约有序推进,就诊均开展精准预约,减少了候诊时间,候诊空间面积可适当减少。候诊空间尽可能地引入自然通风和采光,减小院感的概率,尤其是儿科、呼吸科、感染科等院感管理特别敏感的科室（如图 4-1 所示）。

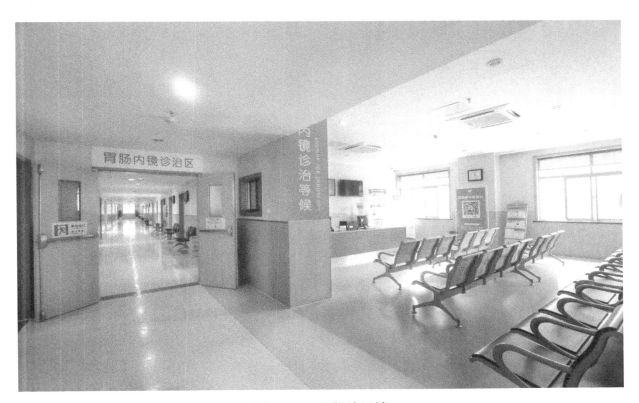

图 4-1　一次候诊区域

②诊区二次候诊。各专科诊区一般有二次候诊区,大多数是利用诊室走道,患者通过叫号等方式进入二次候诊空间等待就诊。这种候诊模式对医院诊室走道宽度要求较高,也是一种比较理想的候诊模式。二次候诊需要加宽走道放置固定座椅,所以建议走道宽度在 3m 左右。这种方式只用于诊区内部走廊,不能用于楼层公共通道。患者在二次候诊空间由医生呼号后进入诊室,既可以提高医疗质量和效率,又可以创造优美的环境（如图 4-2 所示）。

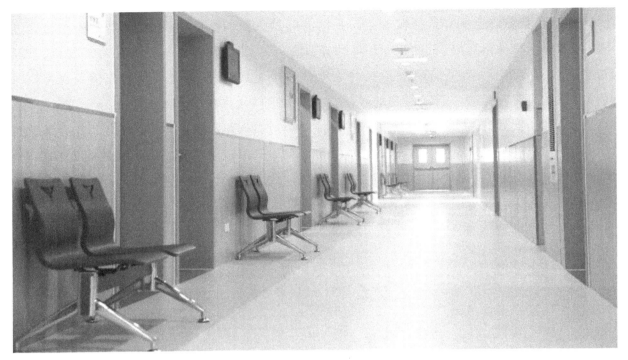

图 4-2　二次候诊区域

（4）诊室。诊室是医生与患者直接交流、初步检查、诊断和开处方，并完成诊查记录的场所。诊室医疗行为是医生和患者共同参与的一般医疗活动，需一医一患一诊室，需要一定的活动空间和一定的隔声、隔视的隐私要求。诊室又可划分为普通诊室和需特殊设计的诊室，如妇产科、耳鼻咽喉科、眼科、皮肤科等专科的诊室布局要求比较特殊。一般来说，上述专科的检查室、部分简单治疗都安排在该诊疗区，用房面积也根据不同的专科要求而不同。

（5）门诊综合服务中心。将原来分散在各个科室的延伸业务服务集中在门诊大厅，涵盖出生医学证明办理，病案资料的打印、复印，医保政策咨询，异地转诊，外伤鉴定的证明盖章，投诉处理等功能，极大地方便了病人，面积一般在 $30\sim50m^2$。

（6）自助服务区。门诊大厅应预留放置大量自助服务机的空间，其中不仅包括自助服务机占地空间，还应预留使用服务机的病人排队等候的空间。为避免影响人流通行，要确保等候空间与公共交通空间不重叠使用。以日均门诊量为 7000 人的综合医院为例，在大厅布置 20 台左右的自助服务器，占地 $50\sim70m^2$。

（7）门诊收费处。收费处负责门诊病人的挂号、收费及费用结算等工作。随着智慧预约、诊间智慧结算的普及，门诊收费处工作任务逐渐缩减，收费处面积应根据医院情况而定，总的来说面积有缩减趋势。

（8）门诊药房。门诊药房是为门诊患者提供药品的部门，可划分为门诊西药房和门诊中药房。现在大多数综合医院均配置自动化药房，通过自动化设备接收信息系统，凭借机器或装置按发药程序或指令进行加药、配药、发药及其他相关的药房工作。药房面积需根据医院就诊人次而定,建筑面积一般在 $250\sim400\mathrm{m}^2$。

（9）入院准备中心。在门诊大厅周围设置入院准备中心,为患者提供住院预约,完善院前检查、检验,日间手术准备,住院患者陪护及相关检测等服务,实现患者入院办理一站式服务。入院准备中心建筑面积一般在 $60\sim100\mathrm{m}^2$,同时预留一定空间。

（10）医疗保险办公室。医疗保险办公室负责医保病人的门诊管理、转院管理、特殊检查（用药）审批、超定额非常规用药审批等与医保工作有关的事务,面积应根据就诊人次而定,面积一般在 $20\sim25\mathrm{m}^2$。

（11）门诊办公室。门诊办公室是负责门诊的医疗、教学、护理和处理协调各种投诉的办公场地,面积根据医院规模及需要而定,一般在 $40\sim60\mathrm{m}^2$。

（二）通道及流程

门诊大厅到各诊区需有主通道,再分次通道。除了主要门诊大楼通道外,在门诊各专科的布局上,要考虑特殊科室必须符合感染管理特殊流程要求,如呼吸道门诊、肠道门诊患者等尽量不与其他门诊患者交叉,建议安放在独立的区域并设置专用通道;儿科和其他科的患者不能混在一个区域,要有专门的区域和通道进出。

（1）合理分流门诊人流,合理设计布局各功能区在分流病人形成有序的诊疗流线方面发挥重要作用。一般来说,入口层设综合服务中心、挂号收费、药房等部门。如前所述,设置诊区时应尽量将人流量大或者病人行动不方便的科室设在较低层以方便病人。可将功能相互依赖性强的科室设置在邻近位置,楼层间可通过垂直交通连接来输送不同的人流。

（2）物流上做到不同功能区块流线分离、洁污分离,避免交叉带来的院感等,如有可能,也可将医护人员走道与患者走道分离,物流通道与人流通道分离。但通道太多,犹如迷宫,占地很大,也不见得方便,管理难度自然也大,一般不建议采用。

六、院感要求

（1）流线应合理并避免院内交叉感染。特别要注意部分专科门诊,如呼吸科门诊中容易出现呼吸道传染性疾病,因呼吸道疾病传染性强,容易引发交叉感染,所以呼吸科的设置要尽可能独立,如处于门诊区域的独立末端位置,自成一区,有条件者,可采用相对独立的流线、楼梯等。肠道科、肝炎科、艾滋病等门诊可以设独立出入口且宜处于常年主导风向的下风区,儿科、发热门诊均需采用独立空间设计。

（2）注意设置隔离诊室。可以在儿科、呼吸科等门诊设置隔离诊室,用于分诊有困难或者在特殊情况下需特别处置的患者。

第二节　普通专科门诊诊区

医院普通专科门诊诊室作为门诊的基本服务单元,其布局相对比较简单,除专科候诊区大小和诊室数量有区别外,诊室的大小、院感要求、诊区内设备配置都无特殊要求。但合理的专科诊室位置及流程布局,也影响病人的就诊满意度。每个专科一般有各自的门诊诊区,诊区内可细化亚专科诊室,专科能力强弱不一,诊区规模也不一。

一、医疗特点及要求

(一)科室属性

普通专科门诊是临床科室,是服务病人的前端。

(二)科室特点

(1)普通专科门诊的诊室布局比较简单,但诊桌、诊床排布应合理。

(2)需一患一医一诊室,有隐私保护要求。

(三)位置要求

普通专科门诊诊室的分布按专科门诊数量而定,门诊数量大的专科建议设置在建筑体低层,门诊数量小的专科设置在建筑体中高层。

二、法规、标准、指南及其他

《综合医院建设标准》(建标 110—2021);

《综合医院建筑设计规范》(GB 51039—2014);

《医疗机构门急诊医院感染管理规范》(WS/T 591—2018);

《医疗机构设置规划指导原则(2021—2025 年)》(国卫医发〔2022〕3 号);

《中国医院建设指南》(第五版)。

三、相关占地大的医疗设备、医疗家具及特殊要求

普通专科门诊涉及专科及亚专科较多,各专科配备的家具设备不一,普通专科门诊的诊室主要配备诊桌、椅子、诊察床、电脑、打印机等。

四、规模及功能用房

普通专科门诊的诊室数量及候诊区面积没有相关要求,主要视门诊病人的流量而定。普通专科门诊诊区分布及布局也比较简单,主要功能用房包括诊室和候诊厅。

五、平面功能布局

(一)医疗及辅助用房

(1)候诊厅。候诊厅是诊区的服务空间之一,是患者在就诊过程中停留时间较长的空间,人流量少的门诊可采取一次候诊,但目前大多数医院的候诊空间多采取两次候诊的形式。候诊厅面积一般在 $20\sim50m^2$,根据就诊人次而定。

(2)诊室。诊室是医生与病人直接交流、体格检查、初步诊断和开处方,并完成记录的场所。诊室医疗行为是医生和患者共同参与的一般医疗活动,一般为一医一患一诊室,但教学医院常有学生,诊室面积一般在 $12m^2$ 左右,常规配置一桌、三椅(医生椅、实习医生椅、患者椅)、一床、一帘、一水池,并配置电脑、读片机、柜子等设施(如图4-3所示),诊室门口需配置分诊显示屏和候诊椅。诊室内部空间相对分隔布置,两个区域内医生和患者的流线互不干扰,并且流线距离较小,形成了一个流畅、舒适的医疗空间。

(3)辅助用房。普通诊区可不独立设置辅助用房,主要有更衣室、库房、卫生间、污物间、污洗间等,一般同一楼层设置公共辅助用房,与各诊区合并使用。

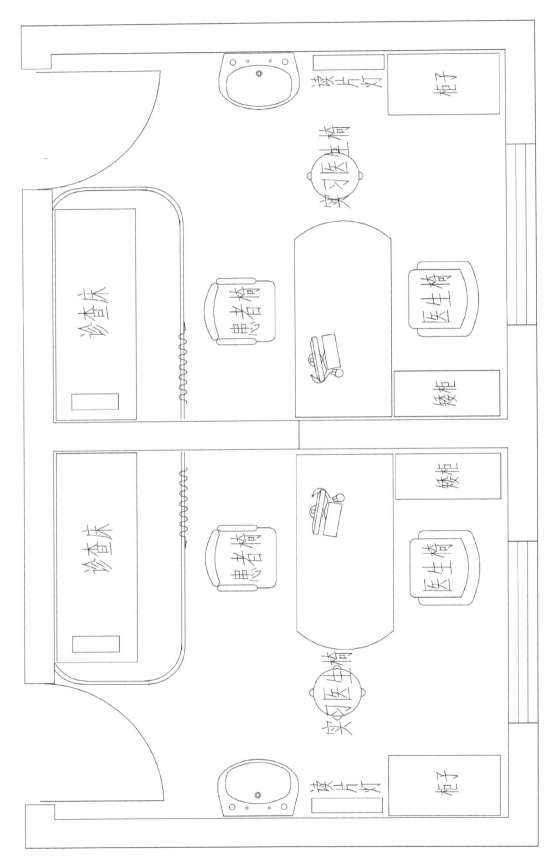

图 4-3　门诊诊室左右开门布局

(二)通道及流程

通道及流程无特殊要求。

六、院感要求

普通专科门诊诊区无特殊院感要求。

第三节 特殊要求专科门诊诊区

这里把门诊有特殊要求的相关专科、亚专科单列到特殊要求专科门诊诊区,涉及以下几种情况:诊区面积过大的;诊区内有仪器检查和治疗操作的;诊室面积有特殊要求的;有院感管控和传染病防控要求的。

这种归类的主要目的是在布局门诊时合理安排相应专科的位置,需要注意的是呼吸科门诊、儿科门诊、肠道门诊、肝炎门诊、艾滋病门诊、发热门诊等最好有独立区块或独立的出入口。

一、呼吸科门诊

应根据不同医院的实际情况,因地制宜,设计符合医院条件和要求的呼吸科门诊。需要注意的是,为避免互相感染或传染的可能,呼吸科门诊最好与其他诊区相对独立。

(一)医疗特点及要求

1.科室属性

呼吸科属于内科,呼吸科门诊病人多且少数病人可能有一定的传染性,如流感、肺结核病人等。

2.科室特点

(1)呼吸科门诊是医院治疗呼吸道疾病的专用诊区,是综合医院必不可少的科室。

(2)许多呼吸系统疾病具有传染性,如普通感冒、流感、肺结核、特殊细菌感染等。

(3)呼吸道感染病人中可能有高传染性疾病,其布局要求相对独立。

3. 位置要求

呼吸科门诊相较于其他门诊,应当设置在门诊大楼内相对独立的区域,与普通门诊相对分隔,最好有独立的出入口,符合医院感染预防和控制的相关要求并便于患者就诊。

(二)法规、标准、指南及其他

《中华人民共和国传染病防治法》;

《综合医院建筑设计规范》(GB 51039—2014);

《医疗机构门急诊医院感染管理规范》(WS/T 591—2018);

《综合医院感染性疾病门诊设计指南》。

(三)相关占地大的医疗设备、医疗家具及特殊要求

呼吸科门诊的诊室应配置诊疗桌椅、诊疗床、诊疗电脑、打印机、空气消毒设备、紫外线灯等。

(四)规模及功能用房

呼吸科门诊无相关规模要求,规模根据医院服务量及辖区服务人数而定。无相关面积要求,门诊使用面积满足日常诊疗工作及辅助所需即可。在条件允许的情况下,建议综合面积在 150m² 以上,通风良好。设置独立的污物间、污洗间、工人间及卫生间等。

(五)平面功能布局

1. 医疗及辅助用房

(1)候诊厅。候诊厅面积应足够宽敞,一般在 40～50m²,设置一定的候诊椅。病人之间保持一定距离。

(2)诊室。诊室设置与普通专科门诊的诊室设置一致,面积在 12m² 左右,一般设置 6～10 间或更多的诊室。具体由医院规模而定。

(3)更衣室。满足医护更衣需求,男、女分设,面积在 3～6m²。

(4)卫生间。考虑呼吸道疾病的传染性,在诊区内应用独立卫生间,卫生间设计应符合现行国家标准《无障碍设计规范》(GB 50763—2012)的有关规定,面积在 8m² 左右。

(5)工人间。保洁工人更衣休息使用。面积在 4m² 左右。

(6)污物间、污洗间。用于暂存污染物和对诊区进行清洗消毒,设置空气消毒设施。面积分别在 6m² 左右。

2. 通道及流程

最好设置专门的独立诊区、独立通道、独立出入口。

(六)院感要求

按照《医疗废物管理条例》的有关规定处理医疗废弃物,需要有相对独立的医疗污物间。

二、肠道门诊

肠道疾病不像呼吸道传染病,随着医学进步,危害性有所下降。人民生活水平的改善、饮用水源的改造以及抗生素的有效使用,使肠道传染病如细菌性痢疾、阿米巴痢疾等大幅度下降,霍乱等烈性传染病罕见。目前医院的肠道门诊主要是处理一般性肠道感染疾病,但起着防治烈性传染病的哨所作用。

(一)医疗特点及要求

1. 科室属性

肠道门诊属于内科。

2. 科室特点

(1)腹泻原因复杂,病因多,有病毒、细菌、寄生虫等。有的有传染性,有的则无。
(2)肠道门诊的主要功能是对肠道急性感染性疾病预检、分诊、筛查、诊治和预警。

3. 位置要求

肠道门诊应当设置在医院门诊相对独立的区域,与普通门诊和急诊室相对分离,符合医院感染预防和控制的有关要求并便于患者就诊。

(二)法规、标准、指南及其他

《中华人民共和国传染病防治法》;
《综合医院建筑设计规范》(GB 51039—2014);
《医疗机构门急诊医院感染管理规范》(WS/T 591—2018);
《浙江省医疗机构肠道门诊设置规范(试行)》(浙卫发〔2007〕148 号);
《综合医院感染性疾病门诊设计指南》。

(三)相关占地大的医疗设备、医疗家具及特殊要求

肠道门诊的诊室应配置诊疗桌椅、诊疗床、电脑、打印机、固定或移动式紫外线灯等。

（四）规模及功能用房

肠道门诊无相关规模要求，规模根据服务量及辖区服务人口而定，满足日常诊疗工作即可。主要功能用房包括候诊厅、诊室、更衣室、专用卫生间、污物间及污洗间。

（五）平面功能布局

1.医疗及辅助用房

（1）候诊厅。面积一般在 $15\sim20\mathrm{m}^2$。

（2）诊室。诊室设置与普通诊室设置一致，可以设置多间，面积在 $12\mathrm{m}^2$ 左右。

（3）更衣室。面积在 $4\mathrm{m}^2$ 左右。

（4）专用卫生间。符合国家标准《无障碍设计规范》（GB 50763—2012）的有关规定，面积在 $8\mathrm{m}^2$ 左右。

（5）污物间、污洗间。面积分别在 $6\mathrm{m}^2$ 左右。

2.通道及流程

需有独立区域，应设置专用的病人通道及医护通道。

（六）院感要求

肠道门诊应严格按照流程设计，执行消毒隔离制度，按照消毒技术规范开展消毒工作，并按照《医疗废物管理条例》的有关规定处理医疗污物。

三、肝炎门诊

肝炎是肝脏炎症的统称。通常我们生活中所说的肝炎，多数指的是由甲型、乙型、丙型、丁型、戊型、庚型等肝炎病毒引起的病毒性肝炎。肝炎具有传染性，慢性肝炎患者居多，病程长，需要长期规范治疗，为方便此类患者就诊，肝炎门诊是综合性医院常设的门诊之一。

（一）医疗特点及要求

1.科室属性

肝炎门诊属于内科。

2.科室特点

肝炎门诊承担各种传染性肝炎（肝病）的预检、分诊、筛查、诊治、会诊和指导抗病毒药物的应用等工作,如在甲肝流行期间,在筛查、防控方面发挥重要作用。

3. 位置要求

肝炎门诊应当设置在医院门诊相对独立的区域,与普通门诊和急诊相对分离,设有醒目的标志,符合医院感染预防和控制的有关要求,并便于患者就诊。

(二)法规、标准、指南及其他

《传染病医院建筑设计规范》(GB 50849—2014);

《医疗机构门急诊医院感染管理规范》(WS/T 591—2018);

《综合医院感染性疾病门诊设计指南》。

(三)相关占地大的医疗设备、医疗家具及特殊要求

肝炎门诊的诊室应配置诊疗桌椅、诊疗床、电脑、打印机、固定或移动式紫外线灯等。

(四)规模及功能用房

肝炎门诊无相关规模要求,规模根据服务量及辖区服务人数而定,满足日常诊疗工作及辅助所需即可。主要功能用房包括候诊厅、诊室、更衣室、污物间、污洗间及其他辅助工作用房。

(五)平面功能布局

1. 医疗及辅助用房

(1)候诊厅。病人候诊区域,一般面积在 15~20m² 。

(2)诊室。诊室设置与普通诊室设置一致,可以设置多间,面积在 12m² 左右。

(3)更衣室。面积在 4m² 左右。

(4)污物间、污洗间。面积分别在 6m² 左右。

(5)其他辅助工作用房。可按医院需求设置。

2. 通道及流程

病人进入专用通道就诊,经诊疗后离开。甲肝流行期间,医务人员则从医务人员专用通道经缓冲后出入工作区。产生的医疗废物应按规定的线路运输、暂存。

(六)院感要求

肝炎门诊应严格按照流程设计,执行消毒隔离制度,按照消毒技术规范及时开展消毒工作,并按照《医疗废物管理条例》的有关规定处理医疗污物。

四、艾滋病门诊

艾滋病是一种比较特殊的传染病。随着医疗技术水平快速发展,许多既往认为特殊难治的传染病,已成为一种可通过药物控制的慢性疾病,艾滋病也是如此。病人需长期用药和随访,医院建立相对独立的艾滋病门诊有其必要性。

(一)医疗特点及要求

1. 科室属性

艾滋病门诊属于感染性疾病专科门诊,具有内科属性。

2. 科室特点

注意保护患者隐私,体现人文关怀;一般接触无传染性。

3. 位置要求

相较于其他门诊,应当设置在门诊大楼内相对独立的区域。

(二)法规、标准、指南及其他

《中华人民共和国传染病防治法》;

《医疗机构门急诊医院感染管理规范》(WS/T 591—2018);

《综合医院感染性疾病门诊设计指南》;

《中国艾滋病诊疗指南》(2024年版)。

(三)相关占地大的医疗设备、医疗家具及特殊要求

艾滋病门诊的诊室应配置诊疗桌椅、诊疗床、电脑、打印机、空气消毒设备等。

(四)规模及功能用房

艾滋病门诊无相关规模要求,规模根据服务量及辖区服务人数而定。也无相关面积要求,门诊使用面积满足日常诊疗工作所需即可。一般设置候诊厅、诊室和医务人员更衣室。

(五)平面功能布局

1. 医疗及辅助用房

(1)候诊厅。候诊厅面积大小一般在15m²。

（2）诊室。一般设置1~2间诊室,诊室设置与内科普通诊室设置一致,面积在12m²左右。

（3）医务人员更衣室。设置独立的医务人员更衣室,面积在4m²。

2. 通道及流程

通道及流程无特殊要求。

（六）院感要求

艾滋病门诊按照《医疗废物管理条例》的有关规定处理医疗废弃物。

五、发热门诊

发热门诊专门用于接诊传染性呼吸道感染发热病人,诊治除普通感冒外的传染性高的传染性疾病（如新型冠状病毒肺炎、SARS等）。特别是在急性呼吸道传染病防控期间,人们对医院发热门诊的建设提出了更高的要求。

（一）医疗特点及要求

1. 科室属性

（1）发热门诊是医院防控急性传染病传播,特别是呼吸道传染病,专门用于排查疑似传染病人,特别是呼吸道传染病人,治疗呼吸道感染的发热患者的专用门诊。

（2）发热门诊分为儿童发热门诊和成人发热门诊,应分别进行设置。

2. 科室特点

（1）发热门诊针对呼吸道感染且传染性高的病人就诊,其布局、流程要求高,需严格按照相关指南、规范执行。

（2）发热门诊应当具备预检、分诊、筛查功能,并配备相关设备设施。如专用的CT机及相关检验设备。

3. 位置要求

发热门诊应当设置在医疗机构内相对独立的区域,与普通门诊和急诊分离,但宜邻近急诊,与住院区域保持距离,设立相对独立的出入口。

（二）法规、标准、指南及其他

《中华人民共和国传染病防治法》;

《医疗机构门急诊医院感染管理规范》(WS/T 591—2018);

《发热门诊设置管理规范》(联防联控机制医疗发〔2021〕80号);

《发热门诊建筑装备技术导则(试行)》(国卫办规划函〔2020〕683号);

《综合医院感染性疾病门诊设计指南》。

(三)相关占地大的医疗设备、医疗家具及特殊要求

按照《发热门诊设置管理规范》(联防联控机制医疗发〔2021〕80号)执行。

(1)基础类设备:配置病床、转运车、护理车、仪器车、治疗车、抢救车、输液车、污物车、氧气瓶、负压吸引装置等。

(2)抢救及生命支持类设备:配置电子血压计、电子体温计、血糖仪、手持脉搏血氧饱和度测定仪、输液泵、注射泵、心电监护仪、心电图仪、除颤仪、无创呼吸机、心肺复苏仪等。有条件的发热门诊配置气管插管、有创呼吸机、负压担架等。

(3)检验类设备:配置病毒核酸快速检测设备、化学发光免疫分析仪、全自动生化分析仪、全自动血细胞分析仪、全自动尿液分析仪、全自动尿沉渣分析仪、全自动粪便分析仪、血气分析仪、生物安全柜等。条件许可时,可配置全自动血凝分析仪、特定蛋白分析仪。

(4)放射类设备:配置独立的CT机。

(5)药房设备:有条件的可配置24小时自动化药房。

(6)辅助设备:配置电脑、监控、电话通信设备、无线传输设备、自动挂号缴费机和污洗设备等。

(四)规模及功能用房

根据《发热门诊设置管理规范》(联防联控机制医疗发〔2021〕80号),新建的发热门诊应至少设置3间诊室和1间备用诊室。发热门诊(如图4-4所示)布局应划分为清洁区、缓冲区、污染区,使用面积满足日常诊疗工作及辅助所需。清洁区主要包括值班室、休息室、穿戴防护用品区、库房、更衣室、浴室、卫生间等。缓冲区位于清洁区与污染区之间,主要为个人防护用品脱卸相应室间。污染区包括患者专用通道、预检分诊区(台)、候诊厅、诊室(含备用诊室)、留观室、患者卫生间、挂号室、收费室、药房、治疗室、抢救室、输液室、观察室、化验室、CT检查室、采集室、污物间、污洗间等。

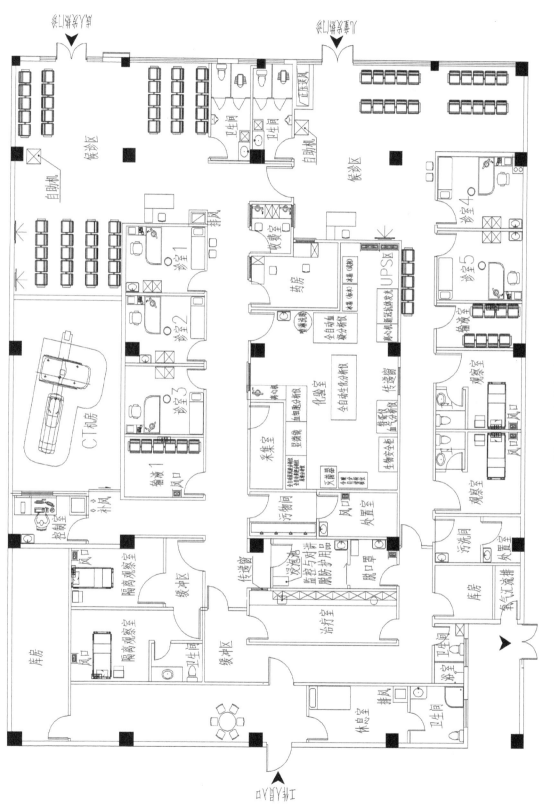

图 4-4 发热门诊

(五)平面功能布局

1.医疗及辅助用房

(1)候诊厅。候诊厅应独立设置,按照《发热门诊设置管理规范》,三级医院应可容纳不少于30人同时候诊,二级医院应可容纳不少于20人同时候诊。如果候诊时间缩短,候诊厅面积可适度减少。

(2)挂号室、收费室。可合并设置,也可采用自助设备。

(3)诊室。每间诊室均应为单人诊室,诊室面积应尽可能宽敞,每间诊室净使用面积不少于12m²。

(5)化验室。普通化验主要分为三大常规、生化等,化验室面积要求40~80m²,特殊的是需布局采集室18m²,特殊检查如核酸检测室15m²。化验室应具备负压条件,应设置标本接收互锁传递窗,设洗手盆和紧急冲洗装置。

(6)CT检查室。CT检查室应配套设置控制室和设备间。控制室面积8m²左右,设备间在8~10m²,CT机房(扫描室)面积在45m²左右。

(7)药房。面积在20m²左右。

(8)观察室。设置一定数量的观察室。观察室原则上按单人单间观察患者,每间观察室内设置独立卫生间,观察室面积不少于10m²。

(9)卫生间。应符合国家标准《无障碍设计规范》(GB 50763—2012)的有关规定,面积在8m²左右。

(10)污物间、污洗间。用于单独暂存污染区污物和对污物进行清洗消毒,设置空气消毒设施,面积分别在8m²左右。

(11)其他。按要求设置相关医护辅助用房,其中值班室12m²,休息室8m²,穿戴防护用品区12m²,更衣室8m²,浴室4m²,库房12m²。

2.通道及流程

合理设置洁净通道、污染通道、患者专用通道和医务人员通道,合理组织洁净物品和污染物品流向,避免交叉感染。

(六)院感要求

(1)严格遵守清洁区、缓冲区、污染区的安全等级分区原则,诊区内空气压力由清洁区、缓冲区、污染区依次降低,使得空气单向流动。

（2）发热门诊的污水、污物等应严格进行消毒,污水需专门消毒后排入污水管道。

六、妇产科门诊

妇产科门诊与普通门诊有明显的差异性,妇产科门诊的设计、功能布局需充分考虑特殊的专业要求,分区要明确,诊室的舒适性及私密性要求高。

(一)医疗特点及要求

1.科室属性

综合医院妇科主要涉及妇科相关疾病诊治,产科主要涉及怀孕后相关疾病诊治以及产前随访、胎心监护、产妇宣教、哺乳宣教等。

2.科室特点

（1）妇产科门诊涉及性与生殖方面的内容,在设计妇产科门诊时,需充分考虑病人隐私。

（2）规模较大的综合医院妇科和产科应分开设置。

（3）大多数妇科、产科病人需要妇检,所以诊室面积要求比普通诊室大。

（4）产科诊区需要设置胎心检测室、哺乳宣教室及哺乳室。

（5）妇产科门诊需设置一定规模的妇产科门诊专用手术室区域,主要用于人流以及宫颈、宫腔检查和一般治疗等。

（6）妇产科门诊病人易因疾病或者其他因素产生不良心理状态,因此在诊室的设计及布局等方面应考虑与其他普通诊室有区别,妇产科门诊检查操作较多,需做好院感的防控。

3.位置要求

妇产科门诊人流量大,有别于普通诊室的设置,需更加尊重病人的隐私。因此,妇产科应设置在门诊部相对独立的区域,一般医院可将妇科和产科设置在同一大区域,然后独立设置成为一个区块,设置单独出入口。

(二)法规、标准、指南及其他

《医院感染管理办法》;

《综合医院建设标准》(建标 110—2021);

《综合医院建筑设计规范》(GB 51039—2014);

《医疗机构门急诊医院感染管理规范》(WS/T 591—2018);

《中国医院建设指南》(第五版)。

(三)相关占地大的医疗设备、医疗家具及特殊要求

妇产科门诊的诊室配备诊疗桌椅、妇产科专用诊查床、照明灯、器械台或车、电脑等设备。胎心监护室配备母婴监护仪、胎心监护仪等设备。门诊手术区配备阴道镜、宫腔镜、利普刀等。人流室配备人流吸引器等设备。

(四)规模及功能用房

妇产科门诊无相关规模要求,规模根据病人量及辖区服务人数而定。妇产科门诊主要由妇科、产科以及门诊检查手术区三部分组成。各区面积根据医院规模而定。功能用房应设置候诊厅、妇科诊室、产科诊室、围产期检查室、胎心监护室、宣教室、妇产科门诊检查手术区(相关的有人流、宫腔镜检查、宫颈相关手术)等,妇产科门诊应配置独立卫生间。

(五)平面功能布局

1. 医疗及辅助用房

(1)候诊厅。参照一般候诊区模式,候诊厅面积一般在40m²以上,配置分诊台。二次候诊时可利用走廊双侧设置座椅,走廊净宽最好不小于3m。

(2)诊室。妇产科门诊的诊室为一医一患模式,诊室数量由医院规模及专科强弱而定。诊室的内部布局还应在细节上充分考虑到医疗诊治要求,常有每两个诊室共用一个检查室,也可以每个诊室单独附带检查室,并进行分隔处理,外为诊室,内为检查室,中间隔断,具备隔声、隔视要求(如图4-5所示)。由于妇产科诊室检查的特殊性,面积不小于22m²。诊区设置诊桌,配备医生工作站等,检查区设置诊查床、操作台、移动推车、洗手台盆、柜子等。同时妇科诊室由于妇科检查较多,需要留取标本,应设置样本台空间等。

(3)宣教室。孕妇在医学上的定义并不算是病人,而是处于一种女性特定生理状态的人群,如是正常妊娠,她们没有任何疾病,但同样需要进入医院进行检查和随访。应在候诊区域旁设置宣教室,面积可在15～20m²,对来院孕妇提供宣教服务。

(4)胎心监护室。胎心监护室是应用胎心率电子监护仪将胎心率曲线和宫缩压力波形记下来供医生分析图形,正确评估胎儿在宫内的状况的区域,是产科门诊必备监护区域,面积一般在15～20m²,配备床及胎心监护仪。

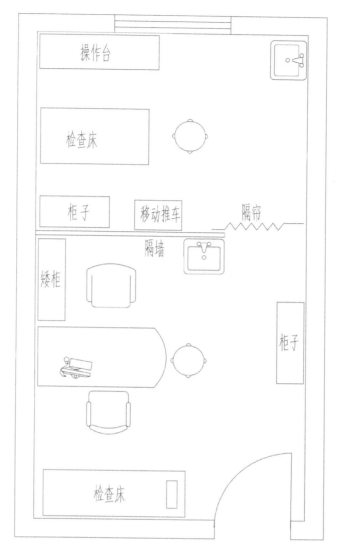

图 4-5　妇产科门诊的诊室

（5）妇产科门诊手术室。妇产科门诊应在诊区附近相对独立的区域设置检查手术室，周围环境安静、清洁，供人工流产，放环、取环，妇科阴道镜、宫腔镜及宫颈等疾病相关检查手术用。妇产科门诊手术室按照手术室标准设置（如图 4-6 所示），面积在 150～200m²。手术室外侧的非限制区设置等候区（15～20m²）、谈话室（4m²）、病人换鞋处、专用卫生间等；中间设置医护更衣室、检查手术室、人流室、复苏室、无菌仓库、耗材间、医疗废物间、污物污洗间等。

① 检查手术室。需要多间房间用于宫腔镜、阴道镜、电灼宫颈环切等手术，每个手术室一般在 15～20m²，配备手术设备、专用手术床（椅）、器械柜、治疗车、负压吸引装置等设备，同时还需配备氧气端口及负压吸引装置、心电监护仪等抢救设备，由于有电凝（灼）治疗而产生的异味，需做好通风换气。

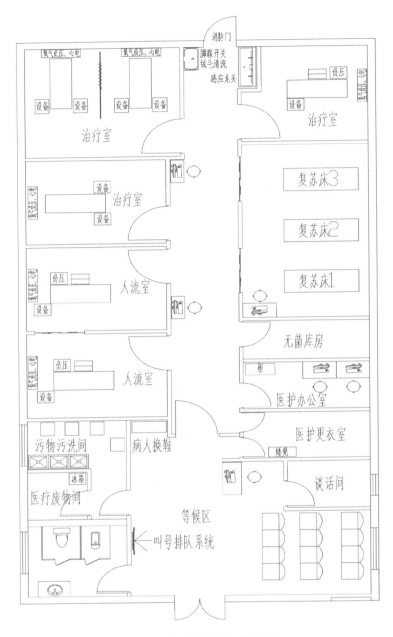

图 4-6　妇产科门诊手术室

②人流室。每个人流室面积在 $20m^2$ 左右,人流室的设置数目应按服务人群数而定。

③复苏室。用于患者手术后麻醉复苏,面积在 $30m^2$,配备多张复苏床(普通转运床)。

④医疗废物间。面积在 $6m^2$ 左右,需配备冰箱。

⑤污物污洗间。面积在 $8m^2$ 左右。

⑥无菌库房。面积在 $8m^2$ 左右。

⑦医护办公室。面积在 $12m^2$ 左右。

(6)卫生间。考虑妇产科病人的特殊生理要求,应设置专用卫生间,面积在 $6m^2$ 左右。

2. 通道及流程

妇产科门诊的诊室无特殊要求,手术室按照相关流程和规范执行。

(六)院感要求

妇产科门诊的诊室妇检区做好 HIV、梅毒等防范,手术室要求达到基本消毒要求。

七、皮肤科门诊

三级以上综合医院皮肤科都有一定规模,由于每家医院皮肤科能力强弱不一、发展方向不一,设计要求也不一样。一家区域性的医院,其皮肤科功能用房必须达到一定面积,相关诊断检查及相应治疗需要多间功能用房。如果是一家有规模的医院,特别是将皮肤科作为品牌科室发展的医院,则需要更多的设备。

(一)医疗特点及要求

1. 科室属性

(1)皮肤病是常见病和多发病,大多用药物治疗。

(2)皮肤科有外科属性,常有一些物理治疗或小手术。

2. 科室特点

(1)规模及专科特色不同的医院,皮肤科规模不同,其诊疗内容也不同。

(2)皮肤科是小综合性科室,需要一定的建筑面积。

(3)许多传染性和感染性疾病常有皮肤的表现。

(4)皮肤科诊查中脱衣裸露检查较多,隐私性要求高。

(5)皮肤疾病诊断需要多种辅助设备,需要设置相应的检查室。

(6)治疗常有小手术,需要使用各类物理治疗设备。

(7)皮肤科门诊的设计,需注意诊室、检查室、治疗室的排列分布。同时激光烧灼、电灼治疗常会有异味产生,需注意通风换气。

3. 位置要求

综合性医院皮肤科无特殊的位置要求,宜设在门诊部相对独立的区域,或可安排在高层。

(二)法规、标准、指南及其他

《综合医院建设标准》(建标 110—2021);

《综合医院建筑设计规范》(GB 51039—2014);

《医疗机构门急诊医院感染管理规范》(WS/T 591—2018);

《中国医院建设指南》(第五版)。

(三)相关占地大的医疗设备、医疗家具及特殊要求

皮肤科门诊常配备伍德灯、紫外线治疗仪、CO_2激光治疗仪、红外线治疗仪(包括氦氖激光或半导体激光)、手术床、无影灯、显微镜、洁净台、真菌培养箱等设备。

(四)规模及功能用房

皮肤科门诊无相关规模要求,规模根据医院具体情况以及就诊人数而定。面积也无明确要求,根据规模及检查治疗用房而定。但皮肤科门诊的特殊医疗用房较多,还需要留有发展空间。

综合性医院皮肤科门诊诊区(如图 4-7 所示)可划分为候诊厅、诊室区、检查区、治疗区和辅助区。同时必须留有一定空间,以备未来添加诊疗设备所用。

(五)平面功能布局

1. 医疗及辅助用房

(1)候诊厅。候诊厅空间布局与一般诊区的候诊厅无区别,面积一般在 $40\sim50m^2$。二次候诊时一般也利用走廊双侧设置座椅。

(2)诊室区。皮肤科诊室区有普通诊室、专家诊室、性病诊室等房间,诊室设计无特殊要求,通常为一医一患一室,面积在 $12m^2$ 左右。皮肤科诊治时脱衣检查概率高,需要注意保护隐私。

(3)检查区。医院一般设置真菌检查室、病理实验室、免疫室、皮肤照相室等,少部分设立皮肤微生物室、化妆品不良反应检测室等检查房间,每间房间面积在 $12m^2$ 左右。

(4)治疗区。皮肤科治疗室一般设有综合治疗室、激光治疗室、冷冻治疗室及小手术室等。每间房间面积在 $12m^2$ 左右。

(5)辅助区。有条件的医院,皮肤科辅助区应设置示教室、库房、污物污洗间等。如果科室规模不大,辅助区可以和其他诊区共享。

2. 通道及流程

通道及流程无特殊要求。

(六)院感要求

皮肤科门诊无特殊院感要求,但需要做好传染性疾病的局部防范,如 HIV、梅毒等,每间用房都需安装紫外线灯或其他消毒设备,如臭氧消毒仪等。

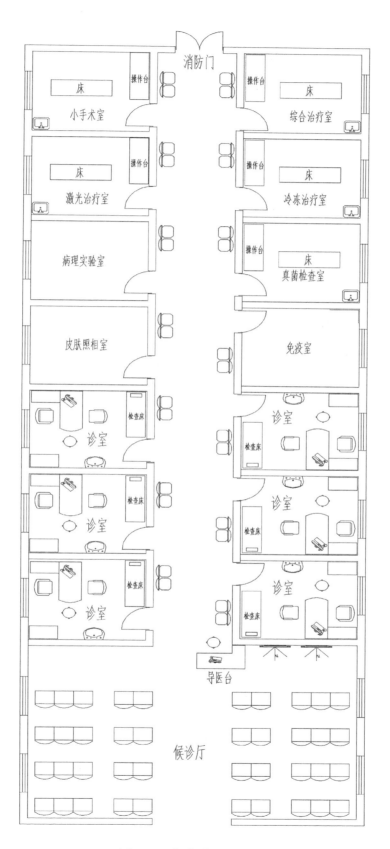

图 4-7　皮肤科门诊诊区

八、眼科门诊

由于社会的老龄化、生活方式的改变,糖尿病、高血压等慢性疾病高发,近年眼科病人明显增加。随着眼科检查技术及治疗水平的快速发展,人们对眼科门诊的设置也提出了新要求。

(一)医疗特点及要求

1. 科室属性

眼科属于外科,诊治发生在视觉系统,包括眼球及与其相关联的组织的疾病。眼科疾病涉及角膜、虹膜、玻璃体、视网膜、青光眼、视神经及眼视光等。

2. 科室特点

(1)综合医院的眼科门诊检查设备较多,一般占用较多的门诊空间,需要独立成区。眼科发展快速,新建医院的眼科门诊应预留一定的发展空间。

(2)除诊室、检查用房外,治疗用房也在增加。

(3)检查设备如裂隙灯是每个诊室的基本标配,诊室面积需比普通诊室略大。

(4)诊治过程中常需用设备检查及随访,诊疗时间长,候诊厅面积宜偏大。

3. 位置要求

位置无特殊要求,眼科门诊可设置在门诊较高楼层,独立成区。

(二)法规、标准、指南及其他

《综合医院建设标准》(建标 110—2021);

《综合医院建筑设计规范》(GB 51039—2014);

《医疗消毒供应中心、健康体检中心、眼科医院的基本标准和管理规范(试行)》(国卫医发〔2018〕11 号);

《中国医院建设指南》(第五版)。

(三)相关占地大的医疗设备、医疗家具及特殊要求

基本设备有非接触眼压计、视野仪、专科检查台、检眼镜、裂隙灯、A/B 超声诊断仪、验光仪,其他与所开展诊疗项目相适应的设备有干眼仪、光学相干断层扫描(OCT)仪、生物测量仪、视觉电生理仪、眼底血管荧光造影仪、眼底摄影仪等。

(四)规模及功能用房

眼科门诊无基本规模要求,规模应结合医院实际情况、专科的发展、当地人口情况和眼病

的发病率而定。眼科门诊包括一般眼科门诊区域、激光治疗区域及眼视光门诊区域。其中激光治疗区域和眼视光门诊区域均应独立设置,可与一般眼科门诊区域相邻。

（1）一般眼科门诊区域。主要功能用房包括候诊厅、普通诊室、专家诊室、治疗室、换药室、眼底照相室、A/B 超声检查室、视野检查室、干眼仪室、视觉电生理室、眼底血管造影室、光学相干断层扫描室、门诊手术室等。

（2）激光治疗区域。主要功能用房包括候诊厅,治疗档案室,验光室(暗室),A 超检查室,术前准备室,全飞秒、半飞秒、准分子手术室,库房等。

（3）眼视光门诊区域。主要功能用房包括大厅、诊室、验光室、检查室、配镜室、训练室等。

（五）平面功能布局

1. 一般眼科门诊区域

眼科的特点是专科检查设备多,所需功能检查房间也相应较多。一般眼科门诊区域(如图 4-8 所示)可大致分为多个区域,如候诊厅和诊疗区。诊疗区包括诊室、检查室和治疗室(包括小手术室)。

（1）候诊厅。眼科候诊厅空间布局无特殊要求,根据医院规模及专业能力而定,初诊病人相关检查较多,等候时间偏长。三级综合医院一般候诊厅总面积大小在 $40\sim50\,\mathrm{m}^2$。

（2）诊疗区。诊疗区主要有普通诊室、专家诊室、检查室、治疗室、小手术室、换药室等用房。

①普通诊室。眼科普通诊室面积一般应为 $12\sim14\,\mathrm{m}^2$,考虑眼科门诊的特殊性,每个诊室配备裂隙灯、诊桌椅、洗手盆及柜子。也有的医院采用两个诊室共用一台裂隙灯显微镜,二诊一灯模式的诊室面积可酌情减少。

②专家诊室。专家诊室房间设施布局和普通诊室一致。

③检查室。眼科检查包括眼前节照相、A/B 超声检查、视野检查、视觉电生理、OCT、眼底血管造影和摄像等。检查设备较多,但相对体积都不大,原则上一台设备一个房间,但个别小设备可放在同一检查室,面积一般在 $12\,\mathrm{m}^2$ 左右。

④治疗室。眼科治疗室可以按照标准布局配置治疗床位、洗手盆及柜子,可考虑按照不同的治疗类型进行布局,如眼部理疗、泪道冲洗等。治疗室面积在 $12\sim14\,\mathrm{m}^2$。

⑤小手术室。眼科门诊手术室主要开展部分常见的门诊小手术,配备手术床、储物柜、洗手盆、治疗车及相应设备,房间面积大小在 $15\sim20\,\mathrm{m}^2$。

⑥换药室。换药室配备治疗床、储物柜、洗手盆、诊桌、椅子。面积大小在 $12\sim14\,\mathrm{m}^2$。

2. 激光治疗区域

在一般眼科门诊区域附近设置激光治疗区域,开展准分子、半飞秒激光、全飞秒激光治疗,面积一般为 $250\,\mathrm{m}^2$ 左右(如图 4-9 所示)。

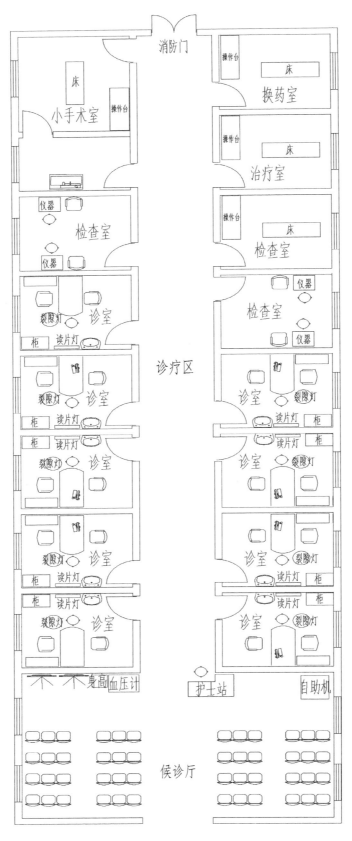

图 4-8　一般眼科门诊区域

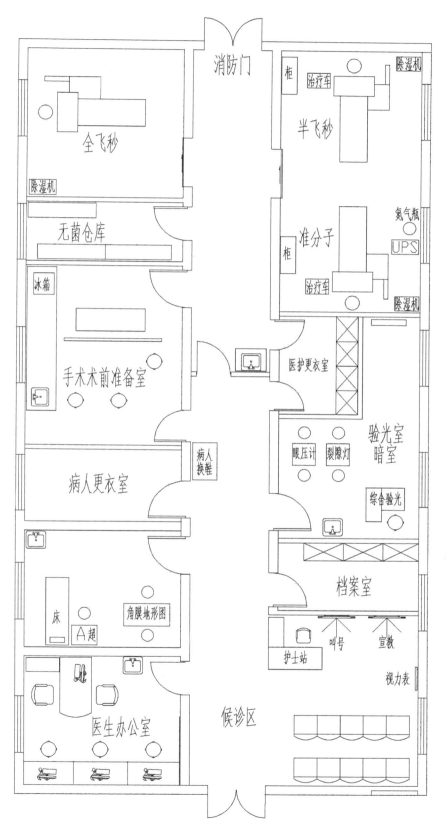

图 4-9　激光治疗区域

(1)候诊厅。候诊区域空间布局无特殊要求,面积大小在 30～40m²。

(2)验光室。面积大于 12m²。

(3)A 超检查室。眼部 A 超是眼科常用的检查方法,主要检查眼轴的长度,检查室面积在 12m² 左右。

(4)术前准备室。设置术前准备室,面积在 20m²,医护更衣室 5m²,病人更衣室 6～8m²(做手术的病人穿干净的隔离服、戴隔离帽后方可进入手术室)。

(5)洗手区。面积在 3～4m²,可利用过道。

(6)手术室。全飞秒、半飞秒及准分子手术室放置在空间最深处,每个手术室面积 20～30m²。参照层流手术室设置,配置独立的冷热空调及新风空气过滤系统和专用的空气消毒机。

(7)医护办公室。面积为 12m² 左右。

(8)无菌仓库,手术室区域设置无菌仓库,面积在 8～10m²。

(9)治疗档案室。面积在 12～15m²。

3. 眼视光门诊区域

综合医院眼视光门诊区域可规划在一般眼科门诊区域附近,也可在医院交通方便之处,方便出行,周末学生多。

(1)大厅。大厅是展现各种眼镜样品和病人等候的地方,配置眼镜专柜和足够的休息座椅,面积 80m² 左右。

(2)验光室。验光检查光线入射眼球后的聚集情况,它以正视眼状态为标准,测出受检眼与正视眼间的聚散差异程度。因为视力检查至少需要 5m 距离,验光室要有足够的长度,一般都是独立的空间,内部安静,避免嘈杂环境,长度一般大于 6m,面积大于 25m²。现在已有准确的验光仪,面积可缩减。

(3)检查室。检查室用于各种视光的设备检查,面积在 20m² 左右,需 2～3 间。

(4)训练室。屈光检查完毕后,要进行双眼调节检查。佩戴矫正镜片后,可在训练室让两眼进行调节并适应,房间面积在 15～20m²。

(5)配镜室。配镜室里有多种精密的仪器、配件等,所以可布局在独立空间,面积在 20m² 左右。

(6)库房。配镜室旁可设置 15m² 左右的仓库。

4. 通道及流程

通道及流程无特殊要求。

(六)院感要求

眼科门诊无特殊院感要求,激光治疗区域需达到标准手术室要求。

九、口腔科门诊

口腔科门诊是提供口腔疾病诊治以及口腔美容保健的场所,病人的口腔检查、诊断、治疗、正畸、种牙等基本上在门诊完成。口腔门诊服务除了要充分体现人性化、个性化和便利化的特点外,还应符合院感要求,避免交叉感染。因此,与普通门诊相比,口腔科门诊空间设计有其特殊性。

(一)医疗特点及要求

1. 科室属性

通常来说,口腔科分为口腔内科、口腔外科、口腔修复科和口腔正畸科等。口腔内科主要承担龋病、牙髓病变、根尖周病、隐裂、牙周疾病、口腔黏膜疾病等的治疗;口腔外科主要承担拔牙、唇颊系带修整、唇腭裂、颌面部外伤、种植牙等治疗;口腔修复科主要承担嵌体、烤瓷全冠、铸造可摘局部义齿等方式的牙体牙列缺失的修复等;口腔正畸科主要治疗错颌畸形,如牙列拥挤、牙列不齐、深覆合、龅牙、开颌、偏颌等。

2. 科室特点

(1)医生一般需要借助专业牙椅对病人进行检查和治疗,一般需要一名医生和一名助理共同完成。

(2)口腔科门诊实际是一个完整的诊所,口腔内科、口腔外科及口腔修复科的诊室面积无区别。

(3)口腔门诊内部布局依门诊的规模而定,种牙区院感管理要求高,需要准手术室的标准和流程。

(4)支持诊疗的辅助功能用房也需要在设计时认真考虑。

3. 位置要求

口腔科门诊由于就诊人次不多,病人基本是预约就诊,在位置选择上,可设置在门诊高层或偏僻的区域。

(二)法规、标准、指南及其他

《医院感染管理办法》;

《综合医院建设标准》(建标 110—2021);

《综合医院建筑设计规范》(GB 51039—2014);

《医疗机构门急诊医院感染管理规范》(WS/T 591—2018);

《中国医院建设指南》(第五版)。

(三)相关占地大的医疗设备、医疗家具及特殊要求

口腔科门诊需配备的设备主要有口腔综合治疗台、牙椅、口腔 X 射线牙片机、口腔全景 CT 机、口腔种植机、牙科空气压缩机、超声洁牙机、口腔技工设备以及其他与所开展诊疗项目相适应的设备。

(四)规模及功能用房

口腔科门诊应结合专科能力、就诊人数、复诊次数等情况综合考虑来确定需要开设的牙科椅位数(诊室数)。社区医院可设置门诊牙科,诊室为面积在 12～15m² 的单间;中型综合医院设置口腔科门诊,口腔科门诊工作面积不少于 200m²;大型综合医院可设口腔门诊中心,包括口腔内科、口腔外科、种牙、正畸及修复等区域,口腔门诊中心工作面积不少于 400m²。口腔科门诊诊区主要功能用房包括候诊厅、普通诊室、专家诊室、VIP 诊室、种植手术区、洁牙室、牙片室、口腔全景 CT 室、技工室、灌模室、无菌库房等。

(五)平面功能布局

1. 医疗及辅助用房

(1)候诊厅。口腔科门诊病人一般都是提前预约的,其候诊厅面积需求不大,在 30～40m²。

(2)诊室。口腔科诊室可分为普通诊室、专家诊室、VIP 诊室,各诊室在面积配置上无特殊区别。综合医院口腔科诊室还可根据科室的规模细分为口腔内科诊室、口腔外科诊室、口腔修复科诊室、正畸科诊室等,面积及内部布局基本无区别。口腔科诊室的有效净面积应在 12～14m²,诊室配备一体式综合治疗牙椅 1 台,布局最好是长 4.2～4.5m,宽 3.5～3.6m,牙椅的位置要考虑到医护人员及病人进出方便、操作便利,牙椅的中心点与墙的距离大于 1.2m。另设置带感应龙头的洗手盆、边柜、办公桌和电脑等(如图 4-10 所示)。

(3)牙片室和口腔全景 CT 室。为减少病人来回奔波的次数、提高诊疗效率,综合医院门诊诊室中都会独立设置口腔 X 射线牙片机和口腔全景 CT 机。普通口腔 X 射线牙片机占地小,使用面积为 6m² 左右,口腔全景 CT 机的使用面积基本在 10～15m²,可设置共同的控制室(如图 4-11 所示)。

(4)种植牙手术室。由于种植牙手术要求必须在无菌的手术室中完成,以降低院感概率,提高成功率,可设置独立的种植牙手术室。手术室面积在 16～20m²,进门采用医用气密门,自动或半自动脚控,配备综合牙椅、吸引设备、种植机、边柜、读片灯、空气消毒设施、治疗车、

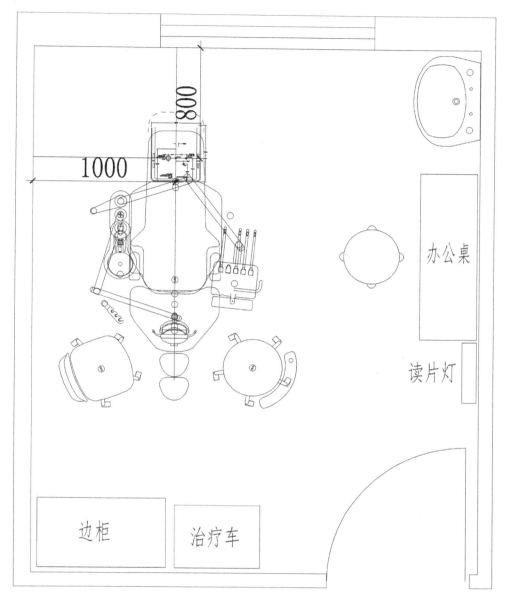

图 4-10　口腔科诊室

急救用品等。另外要配有专门的手术准备室、洗手区等。所以,整个手术室净使用面积不小于 40m²。如有多个种植牙手术室,则需相应增加种植牙手术室的面积。

（5）洁牙室。洁牙室的面积及基本配置与普通诊室无区别,需要指出的是洁牙时会产生悬雾,因此要注意通风换气,布置诊室时注意选区。

（6）技工室。口腔科在正畸诊区设置一个技工室,便于医生制作和加工模型。技工室面积要求不大,一般在 15～20m²,室内设置工作台,用来安放模型修整机、抛光机和其他设备。技工的工位设置在靠近窗户的地方,每张桌边墙上都有压力气管、吸尘管和电源插座。同时技工室内下水需要单独进行排布。

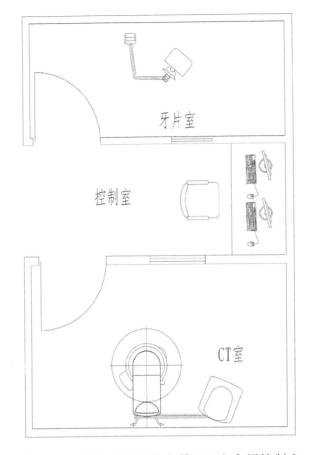

图 4-11　牙片室及口腔全景 CT 室合用控制室

（7）灌模室。灌模室是修整模型、复制模型、包埋蜡型、打磨抛光等工序的工作场所。综合性医院口腔科的灌模室大多制作一些较小的牙齿模型，所以灌模室的使用面积不需要过大，控制在 16～18m²。灌模室边台上设置方形水池，边台底下设沉淀池，灌模室内配备真空搅拌机、振荡器、石膏模型修整机、抛光打磨机等。

（8）无菌库房。存放无菌物品的空间，面积在 12～16m²。

（9）耗材管理间。面积在 14m² 左右。

（10）污物污洗间。一般设置在人员流动少的诊区一端，面积在 8m² 左右。

2. 通道及流程

普通诊区（除种植牙手术室外）医务人员及病人使用共同的通道。

（六）院感要求

口腔科门诊的种植牙手术室布局及流程要按照手术室的标准来设计，每间诊室悬挂空气消毒仪，同时确保通风良好。院感的防控在于医护人员的自身防护（如肝炎类）及复用金属器件的严格消毒。

十、耳鼻咽喉科门诊

环境污染等因素引发众多耳鼻咽喉科疾病,近年来耳鼻咽喉科的就诊人数不断增多。随着科技的进步与发展,医学各科相互渗透和促进,增强了耳鼻咽喉科的诊治能力,这就对医院耳鼻咽喉科门诊设置提出了更多的要求。

(一)医疗特点及要求

1. 科室属性

耳鼻咽喉科属于外科,主要诊断并治疗耳、鼻、咽、喉及其相关头颈区域的疾病。

2. 科室特点

(1)耳鼻咽喉科门诊涉及听力测试、鼻内镜及喉镜等检查治疗,特别是近年相关软镜快速发展,门诊需要相应的检查治疗室。

(2)规模及专科特色不同的医院,耳鼻咽喉科规模大小不同,其诊治内容也有差别。

3. 位置要求

耳鼻咽喉科门诊无特殊的位置要求,宜设在门诊部相对独立的区域内,或可安排在高层。

(二)法规、标准、指南及其他

《综合医院建设标准》(建标 110—2021);

《综合医院建筑设计规范》(GB 51039—2014);

《综合医院眼科、耳鼻喉科和皮肤科基本标准(试行)》(卫医政发〔2010〕95 号);

《医疗机构门急诊医院感染管理规范》(WS/T 591—2018);

《中国医院建设指南》(第五版)。

(三)相关占地大的医疗设备、医疗家具及特殊要求

耳鼻咽喉科门诊常配备鼻内镜、纤维喉镜、冷光源系统和工作站、纯音测听仪、声导抗仪、听觉脑干诱发电位仪等。

(四)规模及功能用房

耳鼻咽喉科门诊无基本规模要求,规模根据医院等级情况以及就诊人数而定,具体面积也无明确要求,根据规模及功能设置用房。一般综合性医院的耳鼻咽喉门诊应设置候诊厅、多间诊室、喉镜检查室、鼻内镜检查室、诱发电位室、测听室、无菌库房、设备清洗间及相关辅助用房(如图 4-12 所示)。

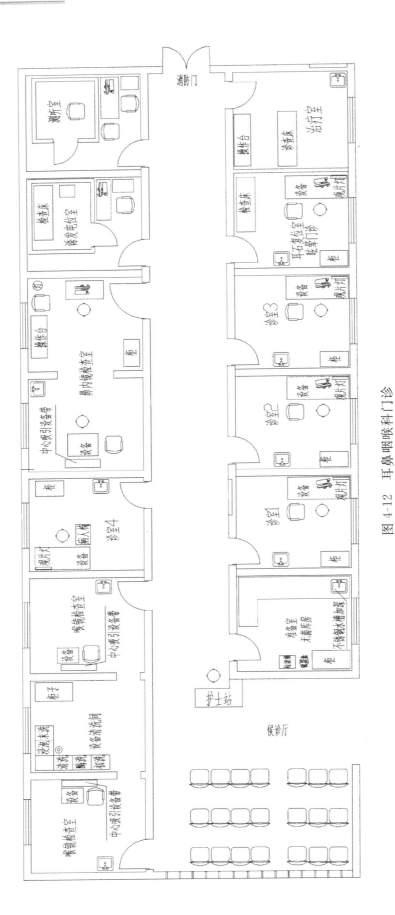

图 4-12 耳鼻咽喉科门诊

(五)平面功能布局

1.医疗及辅助用房

(1)候诊厅。候诊厅空间布局与一般候诊厅无区别,面积一般在 30～40m²。二次候诊时一般可利用走廊设置座椅。

(2)诊室。诊室有多间普通诊室及眩晕门诊耳石复位诊室等功能用房,面积一般在12m²左右。

(3)喉镜检查室。配备中心吸引设备带,面积在 20～30m²。

(4)鼻内镜检查室。配备中心吸引设备带,面积在 16m² 左右。

(5)测听室。为得到理想的测听结果,听力检测要求在测听室内进行,测听室面积一般需要在 12～16m²。

(6)诱发电位室。面积一般在 12～16m²。

(7)设备清洗间。鼻内镜及喉镜检查设备清洗消毒间,必须有良好的通风换气条件,面积在 15m² 左右。

(8)无菌库房。面积在 8～10m²。

(9)辅助用房。规模较大的耳鼻咽喉科辅助用房可设置示教室、污物污洗间等。如果科室规模不大,辅助用房可以和其他门诊共享。

2.通道及流程

通道及流程无特殊要求。

(六)院感要求

鼻内镜及喉镜清洗要求同胃镜及支气管镜,需符合《软式内镜清洗消毒技术规范》(WS 507—2016)的规定,有严格的流程和管理要求。

十一、美容科门诊

综合性医院美容科主要开展一些医疗美容项目,通过医疗手段来改变人体某些部位的外表特征。许多医院进行一些基本的皮肤和身体美容医疗护理,但在综合性医院,还会细分为整形美容手术、皮肤美容等。一般来说,公立医院美容科的规划布局根据开展美容手术的种类、服务人群的不同而不同。

(一)医疗特点及要求

1.科室属性

美容科具有外科属性,通过专业治疗的方式达到美容的效果。

2. 科室特点

(1)患者多为预约就诊,时间观念较强,所需治疗时间相对较长。

(2)治疗室根据设备的不同和数量需要设置多个,原则上每一种设备需要一个单独的治疗室。

(3)有的治疗室有电灼或激光烧灼设备等,易产生异味,需有窗并注意通风换气。

(4)能力较强的医院一般将整形与美容结合,具有一定规模,手术难度也大。

3. 位置要求

一般体表治疗安排在门诊,且患者大多是预约的,就诊人次不多,在位置选择上,可选择在门诊高层或偏僻的区域。

(二)法规、标准、指南及其他

《医疗机构门急诊医院感染管理规范》(WS/T 591—2018);

《美容医疗机构、医疗美容科(室)基本标准(试行)》(卫医发〔2002〕103 号)。

(三)相关占地大的医疗设备、医疗家具及特殊要求

美容科门诊常规配备面部皮肤检测仪、点阵二氧化碳激光治疗仪、强脉冲光与激光系统、红蓝光治疗仪、治疗床、手术床、小型无影灯、必备的空气消毒设备等。能力强、服务项目多的美容科还可根据自身综合实力或学科发展情况购买相应设备,治疗室也相应增多。

(四)规模及功能用房

美容科门诊无基本规模要求,面积无硬性要求,满足各项功能及设备要求即可。主要功能用房有候诊厅、诊室、治疗室、小手术室、更衣室等。

(五)平面功能布局

1. 医疗及辅助用房

(1)候诊厅。候诊区域空间布局无特殊要求,因患者多数是预约就诊,面积要求不大,一般在 15～20m²。

(2)诊室。一般设置 2～3 个诊室即可满足问诊需求,诊室设置同普通诊室,面积在 12m² 左右。

(3)治疗室。治疗室根据医疗设备及相关操作需要而定,设备越多,治疗室也越多。一般来说,每台治疗设备需单独设置一个治疗室,面积在 12～16m²,一般需要 6～8 间。

(4)小手术室。处理皮肤表面痣、皮下脂肪瘤等的小手术室面积为 15m² 左右,配备小型无影灯和手术床,可与门诊小手术室合用。

（5）更衣室。美容科治疗过程中涉及脱衣服的治疗较多，为保护病人隐私，需设置专门的患者更衣室，面积在 8m² 左右，并配备相应更衣家具。

（6）辅助用房。有条件的医院可独立设置库房、卫生间、污物间、污洗间等。如果科室规模不大，辅助用房可以和其他门诊共享。

2. 通道及流程

通道及流程无特殊要求。

（六）院感要求

美容无特殊院感要求，整形手术则按手术管理要求设置。

十二、中医科门诊

中医是我国传统医学，是我国医疗卫生事业中的一支重要力量。中医科门诊是综合性医院必须设置的一个科室，要根据患者的需求、科室的发展、医院的规划及医院等级评审要求等几个方面综合考虑，最大限度地发挥中医药的特色和作用。

（一）医疗特点及要求

1. 科室属性

中医科具有内科属性，除完成门诊病人诊治外，还要完成住院病人的会诊。

2. 科室特点

（1）相较于西医诊疗，中医诊治时间偏长。
（2）中医科的病人流量与服务人数、中医师的数量和口碑相关。

3. 位置要求

综合性医院中医科就诊人次一般不多，可设置在高层。为了支持中医发展，应设置成独立的区域，并与针灸、推拿、理疗科等邻近。

（二）法规、标准、指南及其他

《综合医院建设标准》（建标 110—2021）；

《综合医院建筑设计规范》（GB 51039—2014）；

《中医医院建设标准》（建标 106—2021）；

《综合医院中医临床科室基本标准》（国中医药发〔2009〕6 号）；

《中国医院建设指南》（第五版）。

（三）相关占地大的医疗设备、医疗家具及特殊要求

基本设备有诊查床和座椅等。有的医院配备了相应的中医脉象仪、中医舌象仪、穴位诊断仪等诊断设备。

（四）规模及功能用房

根据《综合医院中医临床科室基本标准》，综合性医院需设立中医门诊，三级医院门诊开设中医专业不少于3个，二级医院不少于2个。综合性医院中医门诊诊室的面积应满足开展诊疗的需求，三级医院净使用面积不少于90m²，二级医院净使用面积不少于60m²。主要功能用房有候诊厅、诊室、治疗室以及辅助用房等。

（五）平面功能布局

1. 医疗及辅助用房

（1）候诊厅。中医科候诊区域空间布局设计无特殊要求，面积在20～30m²。

（2）诊室。综合性医院中医科规模有大有小，可以将诊室进行细分，如中医内科、中医妇科、中医肿瘤科以及其他专科诊室。医院可根据门诊量的具体情况设置多间普通诊室。专家诊室、专科诊室布局与普通诊室一致，面积在12m²左右。

（3）治疗室。治疗室包括针灸室、推拿室、理疗室等，在下文详细叙述。

（4）辅助用房，如库房、卫生间、污物间、污洗间等，如果科室规模不大，可以和其他门诊共享。

2. 通道及流程

通道及流程无特殊要求。

（六）院感要求

中医科门诊无特殊院感要求。

十三、针灸、推拿、理疗科门诊

针灸、推拿、理疗是我国传统医学，是中医的重要组成部分，能够缓解和治疗多种疾病，与西医相比，这种治疗方法的优点是副作用小，适应人群较广，操作也方便。

（一）医疗特点及要求

1. 科室属性

针灸、推拿、理疗属于中医治疗，针灸、推拿、理疗科门诊为中医科基本配套科室。

2. 科室特点

(1)在针灸过程中,患者需要裸露部分身体,床位间应该加隔断或者隔帘,以保护患者隐私。

(2)中医艾灸会产生烟雾,需要设置排烟设备,保证通风良好,对环境温度要求高。

(3)推拿床之间应该设置隔断或使用隔帘,保护患者隐私,保持适宜的温度。

3. 位置要求

综合性医院针灸、推拿、理疗科就诊人次不多,可设置在建筑体高层,独立设置区域,也可将中医相关科室设置在同一区域。

(二)法规、标准、指南及其他

《中医医院建设标准》(建标 106—2021);

《综合医院中医临床科室基本标准》《国中医药发〔2009〕6 号》;

《中国医院建设指南》(第五版)。

(三)相关占地大的医疗设备、医疗家具及特殊要求

主要设备有针灸治疗床、推拿治疗床、推拿治疗凳、刮痧板、电针仪、艾灸仪、智能通络治疗仪、颈腰椎牵引设备、中药熏蒸设备等。

(四)规模及功能用房

综合性医院针灸、推拿、理疗的设置规模要根据医院规模、专业特点以及医院等级评审要求等方面综合考虑,最大限度地发挥中医药特色。部分省份出台了相关设置标准,如河南省印发了《关于推进综合医院、专科医院中医药科室标准化建设的实施意见》,要求设置符合标准的中医治疗区。针灸室、推拿室、熏蒸室、艾灸室、敷贴室、药浴室、中医综合治疗室设置符合国家和省标准规范,三级医院不少于 3 个治疗室,2 级医院不少于 2 个治疗室,规模与医院中医药服务规模相适应。主要功能用房有候诊厅、针灸室、推拿室、理疗室及辅助用房。

(五)平面功能布局

1. 医疗及辅助用房

(1)候诊厅。候诊厅无特殊要求,面积在 20～30m²。

(2)针灸室。针灸的诊断和治疗紧密结合,其诊室和治疗室宜紧邻或合并设置。综合性医院针灸室间数一般在 2～3 间,每间面积在 20～26m²,每间设置约 3 张治疗床,方便医生进行针灸、拔罐等操作。

(3)推拿室。房间设置同针灸室一致,每间面积在 20～26m²,每间 2～3 张床,间数依推拿师数量及医院规模而定。

（4）理疗室。理疗利用物理因子治疗疾病,应根据不同治疗方法设置不同的理疗室,主要开展低频电疗、中频电疗、高频电疗、超声波疗法、磁疗法、牵引法等。每间理疗室面积在 $20\sim26m^2$,每间 3 张床左右,一般设置 $2\sim3$ 间理疗室。

（5）辅助用房。如库房、卫生间、污物污洗间等,可以和楼层其他门诊共享。

2.通道及流程

通道及流程无特殊要求。

（六）院感要求

针灸、推拿、理疗科门诊无特殊院感要求,要做好治疗过程中的消毒工作。

十四、儿科门诊

儿科门诊是专门针对婴幼儿及儿童的诊治场所。在规划设计时,根据病儿的特点来布局,要重视小儿的生理情况,对空间进行设计布局。

（一）医疗特点及要求

1.科室属性

（1）儿科一般指儿内科,常和儿外科门诊安排在一起,是综合性医院必不可少的科室。

（2）儿科门诊主要针对小儿常见病,常见病多为呼吸系统疾病、消化系统疾病以及部分感染性和传染性疾病等。

2.科室特点

（1）病儿均由家属陪同,往往人员聚集多,需要充分考虑等候空间。

（2）儿童医院门诊设置可细分为各类专科,综合性医院设置儿科门诊时尽可能考虑小专科大综合。

（3）考虑小儿的生理需求,设置特殊功能用房,如母婴室、家庭卫生间等。

（4）儿科门诊环境嘈杂,空间要求大,吸声要求比其他环境要求更高。

（5）小儿易患的传染性疾病有流行性腮腺炎、疱疹、水痘、手足口病等,需要有相对隔离的诊室。

3.位置要求

（1）儿科门诊要注重选址的相对独立性与便捷性,尽量和其他诊区分开设置。

（2）综合性医院门诊人流嘈杂,婴幼儿对传染性疾病的抵抗力弱,从保护儿童方面考虑,为避免院内感染,儿科门诊也应自成一区。

（3）儿科门诊应尽量有独立的交通出入口，应尽可能设在门诊首层出入方便之处，便于管理。

（二）法规、标准、指南及其他

《综合医院建设标准》（建标110—2021）；

《综合医院建筑设计规范》（GB 51039—2014）；

《医疗机构门急诊医院感染管理规范》（WS/T 591—2018）；

《医院隔离技术标准》（WS/T 311—2023）；

《中国医院建设指南》（第五版）。

（三）相关占地大的医疗设备、医疗家具及特殊要求

儿科门诊无特殊设备，一般配置儿童诊查床、儿童血压计、身高体重测量仪、紫外灯等。

（四）规模及功能用房

儿科门诊一般无基本规模要求，医院在满足基本功能需要的同时，根据医院自身专科特点及区域儿童数量综合考虑。儿科门诊主要用房为候诊厅、诊室、隔离诊室以及辅助用房（如图4-13所示）。各用房面积根据专科规模而定。主要辅助用房有母婴室和家庭卫生间等。

（五）平面功能布局

1. 医疗及辅助用房

（1）预检区。综合性医院一般在儿科门诊入口处设置预检区，其主要任务是鉴别传染性疾病，协助患儿家长选择就诊亚专科。普通疾病和传染性疾病的患儿分别从不同的通道通向普通诊室或隔离诊室，以缩短就诊时间，减少患儿间交叉感染可能。

（2）候诊厅。候诊厅是候诊的场所，分为普通候诊厅及隔离候诊厅。隔离候诊厅是通过预检分诊后被判断为有传染性疾病的患儿，通过隔离通道到的等候场所。由于儿科患儿就诊均由家长陪伴，故候诊厅面积应足够宽敞，设置足够的候诊椅。根据《综合医院建筑设计规范》，候诊面积每病儿不宜小于$2m^2$，可根据日门诊量设计候诊空间面积及布局。

（3）诊室。诊室可划分为普通诊室以及专家诊室，如果综合性医院儿科规模较大，还可以将普通诊室进行专科细分，如儿内科、儿外科以及其他亚专科诊室。医院可根据门诊量的具体情况设置多间普通门诊和数间亚专科门诊诊室。诊室布局与普通内科诊室一致，使用面积$12m^2$左右。

（4）隔离诊室。至少设置两间或多间隔离诊室，需有独立出入口，以便给疑诊传染病患儿就诊使用。面积和普通诊室一致。

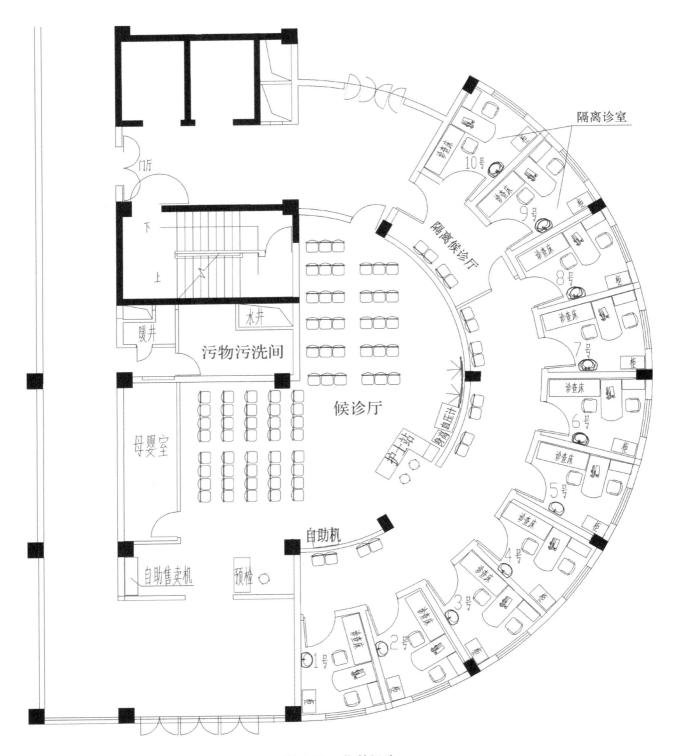

图 4-13　儿科门诊

（5）母婴室。考虑哺乳期婴幼儿需求，儿科门诊应设置母婴室，以方便患儿及家长。母婴室面积在 $14\sim16m^2$，内配备带安全扣的婴儿尿布台、提供热水的洗手盆、便于哺乳休息的座椅以及便于放置哺乳有关用品的柜子。同时母婴室内哺乳区可划分为单独的小间，营造相对隐私和安静的哺乳空间。

（6）家庭卫生间。设置专门的家庭卫生间，患儿男性、家属女性或患儿女性、家属男性时，家长均可照顾幼童如厕，卫生间面积 $8m^2$ 左右。卫生间需设置尿布台，方便换尿布。

（7）其他。较大的综合性医院儿科门诊也可将诊断治疗集中在儿科门诊区域，可单独设置挂号区、药房等，有的把雾化室、注射室、输液室、污物污洗间等用房也设在同一区域或附近。

2. 通道及流程

通道及流程无特殊要求，隔离诊室需要独立的通道和出入口。

（六）院感要求

手足口病、水痘、流行性腮腺炎、流行性疱疹等传染性疾病的患儿需要预检分流至相对隔离的等候区及独立诊室。

十五、门诊换药室

门诊换药室作为外科的一个后续性服务单元，是外科（特别是骨科）门诊日常工作中的组成部分。

（一）医疗特点及要求

1. 科室属性

门诊换药室属于外科后续性服务单元。

2. 科室特点

门诊换药室主要针对外科住院病人未愈创口及外科门急诊创口的后续换药。

3. 位置要求

因骨科病人使用更多，所以门诊换药室应当设置在骨科门诊附近，方便患者随诊后换药。

（二）法规、标准、指南及其他

《医疗机构门急诊医院感染管理规范》（WS/T 591—2018）。

（三）相关占地大的医疗设备、医疗家具及特殊要求

配置诊疗桌椅、电脑、诊疗床、相关器械和药柜、治疗车等。

（四）规模及功能用房

门诊换药室无相关规模要求。主要功能用房包括换药接待室、清洁换药室、感染换药室（如图 4-14 所示）。

图 4-14　门诊换药室

（五）平面功能布局

1.医疗及辅助用房

（1）换药接待室。换药接待室接待换药患者登记及随访，设在患者换药室入口处位置，建筑面积在 $14m^2$ 左右。

（2）清洁换药室。面积在 20m² 左右。

（3）感染换药室。面积在 20m² 左右。

（4）辅助用房。可以和其他门诊共享。

2. 通道及流程

通道及流程无特殊要求。

（六）院感要求

门诊换药室要按照消毒技术规范及时开展消毒工作,特别是感染创口的日常消毒管理,并按照《医疗废物管理条例》的有关规定处理医疗废弃物。

十六、深静脉置管室

深静脉置管室指医务人员通过表浅的皮肤和皮下组织向深部大静脉或向中心静脉置入导管的操作室。一般而言,深静脉置管室对院感防控要求高,合理的深静脉置管室布局有利于深静脉置管室的管理和院感防控。

（一）医疗特点及要求

1. 科室属性

深静脉置管室是全院性服务科室。

2. 科室特点

深静脉置管室布局需功能分区明确,无菌要求严格,要达到门诊手术室要求。

3. 位置要求

应当设置在医院门诊相对独立的区域,可与血管外科门诊邻近。

（二）法规、标准、指南及其他

《医院感染管理办法》;

《综合医院建筑设计规范》(GB 51039—2014);

《医院洁净手术部建筑技术规范》(GB 50333—2013);

《医院消毒卫生标准》(GB 15982—2012)。

（三）相关占地大的医疗设备、医疗家具及特殊要求

深静脉置管室配置诊疗桌椅、诊查床、观察床、穿刺床、柜子以及相关设备。

（四）规模及功能用房

深静脉置管室无相关规模要求，能满足日常诊疗工作及辅助所需即可。主要功能用房包括诊室、医护更衣室、穿刺室、换药室、储存室等（如图 4-15 所示）。

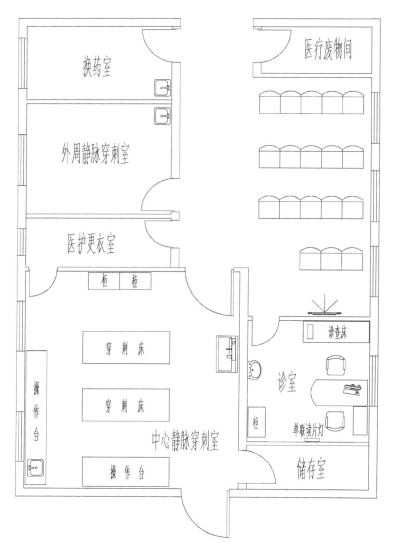

图 4-15　深静脉置管室

（五）平面功能布局

1. 医疗及辅助用房

（1）等候室。面积在 $20m^2$ 左右。

（2）诊室。诊室设置与普通诊室设置一致，面积在 $12m^2$ 左右。

（3）穿刺室。分别设置外周静脉穿刺室和中心静脉穿刺室，面积在 $16\sim24m^2$。

（4）换药室。面积在 $10m^2$ 左右。

（5）储存室。邻近穿刺室，为无菌敷料、器械的存放处。面积在 $8\sim10m^2$。

（6）医护更衣室。供医护人员更衣换鞋的房间，面积在 $4\sim6m^2$。

2. 通道及流程

功能流程合理，符合洁、污区域分开的基本要求。

（六）院感要求

深静脉置管室配备消毒灭菌设备和洗手设施，符合医院感染控制的基本要求，并按照《医疗废物管理条例》的有关规定处理医疗废弃物。

第五章

急救中心

急救中心作为医院提供急救服务的场所,是医院建筑的重要组成部分。良好的医院急救中心建筑空间布局可以保证急救中心正常工作运行,最大程度优化就诊流程,提高工作效率,为急、危、重症病人救治赢得宝贵的时间,特别是严重创伤、急性冠脉综合征、卒中等这些时间要求极其苛刻的病况。医院急救中心设计应遵循"时间就是生命"的宗旨,在满足医疗功能要求的前提下,努力营造一个快捷、安全、舒适、温馨的医疗环境,以消除病人的焦虑及恐惧,同时也给医护人员一个良好的工作环境,缓解其心理压力。

一、医疗特点及要求

(一)科室属性

急救中心是全院综合性科室,承担第一时间急救、筛查、初诊及分流等功能,也是社会医疗服务体系中的重要组成部分。急救中心实行 24 小时开放,地点的便利性、建筑布局的合理性、流程的科学性能为急、危、重症病人的抢救提供极大的便利,并赢得抢救时机。

(二)科室特点

(1)急救中心人流量大且病情繁杂,普通急诊病人和需要抢救的病人构成急救中心两大主要人流,滞留时间长短不一。病人、家属、医护人员等相互混合。

(2)急救中心医疗急救需与院前急救有效衔接,并随时与紧急诊疗相关的科室及相关专家保持联系,第一时间前来帮助会诊和抢救,保障病人得到及时、有效、专业的救治。

(3)急救中心各区域布局合理有利于缩短急诊检查和抢救半径距离。

(4)急救中心需设在来院病人可以迅速到达且救护车及专科医生能够快速到达的区域。

(5)急救中心需要邻近大型影像检查区域以及血库、手术室等诊疗抢救依赖较强的科室。

（三）位置要求

急救中心特殊的功能要求决定了急救中心选址与全院所有功能单元之间的相互关系和布局要求。

（1）建筑位置。急救中心应当规划设置在医院主入口或主要交通路口附近的医疗建筑体底层。中小型医院通常将急救中心设置在门诊大楼内的一侧，通常位于大楼前端部分靠近出入口的一个侧端；有条件的大中型综合医院可独立设置急救中心楼。

（2）交通线路。为便于急、危、重症病人迅速到达急救中心，急救中心通常位于车辆或人员进入院区容易看到的明显位置，主要交通干道直通急救绿色通道，便于救护车快速直达急救中心。规模较大的急救中心可分设普通急诊患者通道和急、危、重症病人的救护车出入通道。急救中心入口应当流畅，无需倒车，并设有救护车专用停靠处和回车场地。承担区域医疗救治任务的大型综合医院，有条件的可设置急救直升机停机坪。

（3）相邻科室。急救中心既要相对独立设置，又要与医技、检验、血库、手术室、ICU、住院部有便捷的通道。中小型医院急救中心应与药房、检验、放射等科室邻近，有利于节约时间和运行成本，还应与手术室、ICU、血库等科室邻近，方便急救转运及血液等提取；大中型综合医院急救中心可独立设置药房、检验、放射设备及急诊手术室、急诊导管室，并与医院手术室、ICU、住院楼有便捷、相连接的通道，尽量缩短距离，方便急、危、重症病人转运以及各专科医生急救支援。

（4）空间预留。急救中心选址设计时还应考虑突发公共卫生事件、大批急救应急时急救场地的要求，预留一定空间面积，为中心发展预留空间并方便应对社会突发事件。

二、法规、标准、指南及其他

《院前医疗急救管理办法》（国家卫生和计划生育委员会令第 3 号）；

《综合医院建设标准》（建标 110—2021）；

《综合医院建筑设计规范》（GB 51039—2014）；

《急救中心建筑设计规范》（GB/T 50939—2013）；

《急救中心建设标准》（建标 177—2016）；

《医疗机构门急诊医院感染管理规范》（WS/T 591—2018）；

《无障碍设计规范》（GB 50763—2012）；

《急诊科建设与管理指南（试行）》（卫医政发〔2009〕50 号）；

《中国医院建设指南》（第五版）。

三、相关占地大的医疗设备、医疗家具及特殊要求

仪器设备包含心电图仪、心脏起搏/除颤仪、呼吸机、心电监护系统、负压吸引装置、给氧设备(中心供氧的急救中心仍需配备便携式氧气瓶)、洗胃机。三级综合医院还应配备超声仪和床旁数字 X 射线摄影(DR)系统。根据医院规模的不同,大型急救中心还需配备连续性血液净化设备、体外膜氧合器、数字减影血管造影(DSA)系统、CT 机或 MR 机等。

四、规模及功能用房

(一)基本规模

急救中心设置规模与医院级别、功能任务、学科发展及区域服务人数相匹配。

(1)乡镇医院因服务人数少或急救能力有限,通常仅规划设置急诊室,根据不同病情诊治后对病人做出回家、留院观察或转送上级医院进一步治疗的决定。

(2)县级医院或专科医院应合理设置急救中心。按功能设置急诊大厅、急诊室、抢救室、外科清创室、输液室、急诊观察室等。由于近年来在县级医院开展胸痛、卒中、创伤等中心建设,对各类功能用房面积和流程也提出了更高的要求,设计时需留意。

(3)规模较大的三级综合医院学科发展均衡、服务人群复杂,尤其是作为区域急救中心的三级综合医院还承担五大中心建设任务(胸痛中心、卒中中心、创伤中心、危重孕产妇救治中心、危重儿童与新生儿救治中心),应高标准建设独立的急救中心区域或急救中心楼。

(二)面积和布局

根据《综合医院建设标准》要求,急救中心建筑面积一般占全院面积的 3%～6%。急救中心应当根据急诊病人流量和医院特点设置观察床,收住需要在急诊临时观察的病人,规模较大、急救能力较强的医院还应考虑设置急诊手术室、导管室和急诊重症监护病房(EICU)。

随着社会的发展,人们对健康的要求提升及急诊内涵扩展,医院急救中心的规模也逐渐扩大,科学合理地划分相关区域,创造一个便捷、高效、安静、舒适的医疗急救环境,对于高效率、高水平抢救有重要意义。这里以承担区域救治的三级甲等综合性医院独立设置急救中心为例(如图 5-1～5-3 所示),由于地理环境所限,底层形状为扇形。大型综合医院急救中心承担较重的急救任务,一般分为急诊区、急救和辅助功能区,平面布局涵盖急救通道、普通急诊区、抢救大厅(A 区、B 区)、急诊手术室、急诊导管室、治疗输液区、检查区(如生化、CT、MR等)、留观病房、EICU 以及相应的辅助部门。主要用房包括分诊台、挂号处、候诊厅、诊室、抢救室、隔离抢救室、洗消间、清创室、洗胃室、石膏室、留观病房、EICU、检验科、MR 室、CT 室、

急诊导管室、药房、耗材库、注射输液室等，辅助用房有更衣室、办公室、示教室、值班室、库房、污物间、污洗间、卫生间（包括无障碍卫生间或家庭卫生间）、重大社会事件医疗指挥室等。

图 5-1　独立急救中心外观

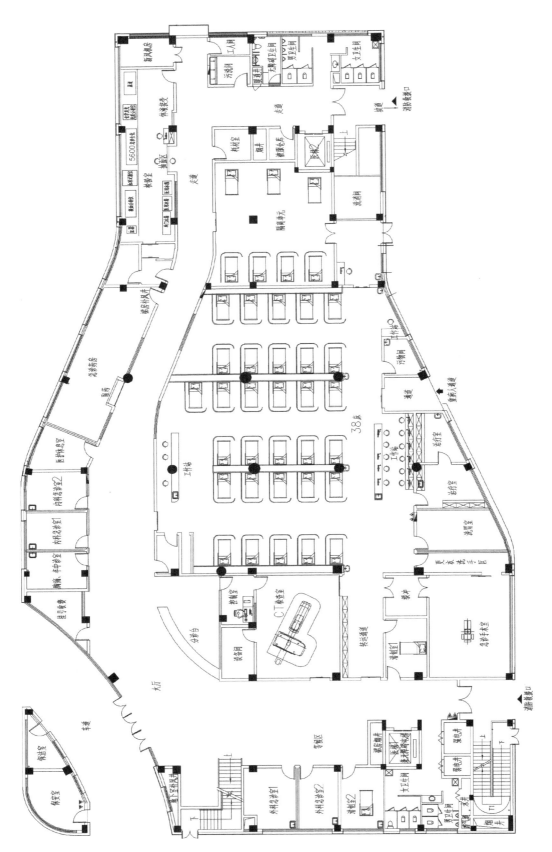

图 5-2　根据地势而设计的急救中心一楼

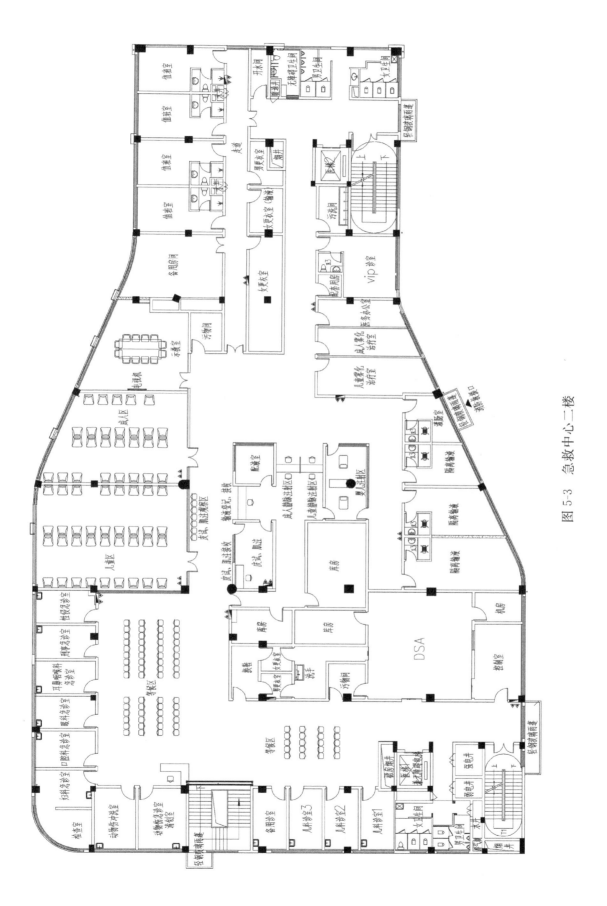

图 5-3 急救中心二楼

五、平面功能布局

(一)医疗及辅助用房

(1)急诊大厅。急诊入口处大厅内应尽可能有开阔空间,不仅分诊方便,而且可以让急诊病人和家属有较大的活动和流动空间,方便分诊护士迅速清楚地看到每位前来就诊的急诊病人,以利于提供主动和快捷的服务。重要的是,宽阔的空间可以有效地减少人流交叉涌动,使人流更为顺畅,就诊秩序更为有序。

(2)急诊分诊台。在急诊入口处大厅设置急诊分诊台,急诊分诊台是接待急诊病人的第一窗口,分诊台的作用是咨询、分诊、协调和沟通,安排诊治流程,使病人得到迅速有效的救治或诊治。同时通过分诊疏导、管理,使诊疗畅通、环境有序。

(3)挂号收费处。挂号处与分诊台应相邻,同时面向候诊区并且连接治疗区域,方便分诊挂号后,可以就近进入相应的诊疗区域。随着信息化的不断提升,自助功能不断开发,挂号收费处的使用面积可相应缩减。

(4)急诊抢救区。急诊抢救区是抢救危重病人的主场所,从救护车抬下病人后应以最短距离到抢救区,以便病重患者能快速进入抢救。医院一般将患者根据病情的轻重缓急分为A、B、C三个层级:随时有生命危险的患者和需要立即抢救的为A级,A级患者直接送入抢救室抢救,实行绿色通道先抢救的原则;病重需要监测和干预的为B级,B级患者在诊疗时以维持生命体征稳定与明确诊断为先;一般急诊患者为C级,首先辨明有无潜在的威胁生命的疾病,然后做出相应处理。对不同级别的患者采取不同的处理原则,实行不同的诊疗流程。

A区:为紧急抢救区域,位于急诊核心位置,要求建筑面积尽可能大,可按照每张抢救床不低于 $30m^2$ 确定抢救大厅面积,一般设置10张以上床位,每张抢救床净使用面积不少于 $12m^2$,以利于医护人员诊疗开展和设备的摆放。新建医院应在A区内设置隔离抢救区,用于诊疗可能带有传染病的急诊患者,床位不少于4张,且最好能设计成负压区域。每张床都配备监护设备、供氧供气及吸引设施,区域内备有呼吸机、除颤仪、洗胃机、床边超声仪、移动DR系统等,配置较高的医院,应配备连续性血液净化设备、体外膜氧合器等。

B区:为病情不稳定需密切观察区域。大型综合医院B区的床位应在30张以上。有许多急救中心把A区B区整合在一起,但是床位分区,有利于节约医护人员。

急救中心应当根据急诊病人流量和专业特点设置观察床,观察床数量根据医院承担的医疗任务和急诊病人数量确定。

(5)特殊用房。特殊用房包含清创室、洗消室、洗胃室、急诊手术室及急诊导管室等。

①清创室。清创室用于小外伤的清创、缝合、换药等处置。清创室使用面积不小于

16m²,需设置小型无影灯、治疗床、器械柜、手术用清创缝合包、常用治疗及消毒用品等,大的急救中心需要 2 个以上清创室。

②洗消室。洗消室用于外伤有污泥或化学药品的病人清洗和消毒,面积不小于 16m²。

③洗胃室。洗胃室是紧急抢救口服中毒病人的专用房间,面积一般为 15~18m²,同时洗胃室需要大量用水,应考虑充足的冷热水供应和良好的排水通道。

④急诊手术室。急诊手术室应靠近急诊大厅,手术室设置按照标准手术室设计要求划分非限制区、半限制区和限制区。单间手术室面积一般在 45m² 左右,加上上述的功能区,整个手术区面积在 80m² 左右。

⑤急诊导管室。急诊导管室为卒中、胸痛、创伤等需介入手术的患者提供便捷的治疗条件,急诊导管室设置布局与普通导管室布局要求基本相同,有控制室、机房、导管室、更衣室等,总面积需 80~100m²。

(6)一般急诊室。一般急诊室应设立内科、外科、儿科、妇科、眼科、耳鼻咽喉科、动物伤、刑事以及性侵等急诊室。

①内科急诊室。诊室设置和普通内科门诊室设置一致,诊室使用面积不应小于 12m²,一般需 2 间或以上。常规配置一桌三椅(主治医生位、助理医生位、患者位)、一床、一围帘、一水池,并配置观片灯、电脑等设施,诊室门口需配置分诊显示屏和候诊椅。

②外科急诊室。诊室设置和普通外科门诊室设置一致,诊室使用面积不应小于 12m²,一般需 2 间以上。配备与内科急诊室基本相同,同时外科急诊室最好设置在清创室附近。

③儿科急诊室。儿科急诊室最好单独成区,医院可根据急诊量的具体情况设置多间诊室。诊室布局与普通内科门诊室一致,使用面积不应小于 12m²,根据服务人数不同,应设置多间诊室。

④妇科急诊室。诊室设置和妇科门诊室设置一致,外为诊室,内为检查室,做好中间隔断。妇科检查时常需要留取标本,应设置样本台位置。诊室面积设置应在 25m² 左右。

⑤眼科急诊室。诊室设置和眼科门诊室设置一致,面积一般在 12m² 左右,诊室配备裂隙灯、诊桌椅等。

⑥耳鼻咽喉科急诊室。诊室设置同普通耳鼻咽喉科门诊室设置一致,面积设置应不小于 12m²,配备耳鼻咽喉科的专业诊台。

⑦动物伤急诊室。目前尚没有详细的动物伤设置规范或标准,建议设置和普通外科门诊室一致。总面积应不小于 24m²,设置诊室及冲洗、清创室。

⑧刑事急诊室、性侵急诊室等。该类诊室主要用于配合公安机关供特殊患者使用,诊室设置同普通外科病房设置一致。

(7)急诊检查用房。功能完善的急救中心应在急救区域配备 DR、CT、超声、MR 等急诊影像区域及急诊检验区域。

①急诊 DR、急诊心电图、急诊超声。一般建议使用床边移动设备，不用专门设置相关的诊查功能室，也方便重症患者在床上就能完成快速检查，目前 DR 使用越来越少，一般由 CT 替代。急诊超声室可独立设置，也可使用床边超声检查。

②急诊 CT、MR。在抢救大厅附近设置急诊 CT、MR 检查室，CT、MR 机房需要配备独立的设备间和控制室，机房的面积应符合《放射诊断放射防护要求》(GBZ 130—2020)及 MR 的磁屏蔽要求，建议各自总建筑面积应在 $80m^2$ 左右。由于 MR 在急诊诊治中使用相对较少，许多医院共用放射科区域的 MR。

③急诊检验。为了满足急诊病人快速出检查报告的要求，可独立设置急诊检验室，进行三大常规、生化、电解质以及相关酶学等急诊检验。其功能布局及设备设置应按照检验科相关标准进行配置。总面积需 $120\sim150m^2$。

(8)急诊药房。根据急救中心的整体布局，急诊药房通常设在急诊大厅附近。根据急诊规模及急诊人次合理设置药房的面积，一般为 $100\sim120m^2$。

(9)注射区。注射区有输液接待室、皮试室、肌注室、静脉注射室、婴幼儿头皮针室、儿童输液区、成人输液区、雾化治疗室等。

①输液接待室。为患者进入输液区后护士安排患者到不同区域等待注射或输液的房间，面积 $10m^2$ 左右。

②皮试室。患者进行皮肤敏感试验的治疗室，面积 $8\sim10m^2$。

③肌注室。肌注室即肌肉注射治疗室，面积 $8\sim10m^2$。

④静脉注射室。为患者实施静脉注射治疗的房间，面积 $12m^2$ 左右，设有打针台。

⑤婴幼儿头皮针室。独立设计的为婴幼儿进行头皮针注射的房间，面积 $12m^2$ 左右。

⑥儿童输液区。由于有家属陪同，面积要偏大，位置易偏，减少儿童输液时哭闹声对旁人的影响。儿童为传染病易感人群，还应设置 $3\sim4$ 间面积分别在 $20\sim25m^2$ 相对隔离的输液室，为手足口病、腮腺炎、水痘、猩红热等患儿提供隔离的治疗空间。

⑦成人输液区。输液区面积与输液的患者人数有关，而输液的患者人数根据各医院急诊的实际人流比例情况来确定。随着卫生行政部门对轻症病人输液的管控，成人输液区面积有缩小趋势。

⑧雾化治疗室。雾化治疗室按患者年龄分为儿童雾化治疗室和成人雾化治疗室，面积应满足多人同时治疗，房间面积一般在 $15\sim20m^2$。

(10)附属用房。

①更衣室。设置男、女更衣室，面积根据急诊规模及医务人数而定，一般 $1m^2$ 面积可满足 4 人要求，原则上女大男小。

②值班室。值班室是医护人员、院前医生值班休息的用房，医生、护士、院前医生及驾驶员值班室分开设置，房间面积在 $25\sim30m^2$，配备独立卫生间。建议每个房间内设置 4 张双层

床,配备储物柜。大型医院护士需要多间值班室。

③办公室。设置医生、护士办公室,邻近护士站设置,配备必要的办公设施,面积一般在25m²左右。设置主任及护士长办公室,面积分别为10m²左右。

④示教室。示教室面积一般在30～40m²。

⑤医护休息室。即急救中心医护人员的工作间,面积在15m²左右,配有桌椅、饮水设备及微波炉等。

(11)急诊留观室。急救中心应设急诊留观室,配有一定数量的观察床,主要收治一些需要进一步观察、治疗的病人。急诊留观室设置与布局可按照普通病房设置要求。大型医院观察床可设40～50张。

(12)EICU。EICU的布置基本和ICU的布局一致。大型医院可设置20～30张床。

(13)重大社会事件医疗指挥室。作为突发重大公共卫生事件医院指挥调度使用的功能用房,面积不小于30m²。

(14)辅助用房。

①保安室。急诊人流量大、人员混杂、突发状况较多,需要在急救中心出入口设立保安室以维持秩序。面积一般在8m²左右。

②污物间、污洗间、医疗废物间。污物间是用于存放和中转病区污染物品、消毒处置部分用品的场所,面积一般在8m²左右。污洗间配备清洗消毒池、拖把清洗池、抹布架、器架、垃圾袋存放柜等,面积一般在8m²左右。医疗废物间面积在8m²左右。

③工人间。为工人提供的休息场所,面积在6m²。

④卫生间。每层设男、女公共普通卫生间,位于楼层相对独立的位置,面积分别在25m²左右,在普通卫生间区域旁设立无障碍卫生间或家庭卫生间。

(15)救护车库房。医院120救护车上需要配备一定的设备和药品,夏季的高温和冬季的低温容易引起设备和药品的损坏,因此医院需有救护车库房。可独立设置在急救中心旁,规模大小根据医院服务人数而定,每个车库面积在25～30m²,一般5～10个车位即可,同时配备洗消间和穿衣用房。大城市救护车由市120统一管辖,一般不需要设计和建造车库。

(16)直升机停机坪。医疗直升机停机坪按照医院发展规划的总体要求设置,目前国内许多现代大型三甲医院一般会在高层建筑或内外科大楼的屋顶设置直升机停机坪,以适应未来空中救援的需要,从流程来看并不一定合理。所以有条件的医院应设置在急救中心建筑体顶层,依据《民用直升机场飞行场地技术标准》(MH 5013—2023)和可能投入使用的直升机机型进行设置,从急救流程或能力上考虑可能更合理。

①医疗直升机停机坪位于主楼屋顶的最高处,可采用钢筋混凝土或钢构建造。屋面结构荷载设计需满足起飞重量为4000kg的直升机的静载、动载和附加荷载的要求,最小直径为13.5m,兼顾较大直升机临时使用,最小直径取21m,承载重量6000kg以上。

②普通直升机停机坪设计需要设置两个通道。人员通道宽度不小于 0.9m,病人转运需要更宽的通道,通道宽度应不小于 1.5m。

③直升机升降和悬停时,对进入方向和着陆地带需要有醒目的标志。着陆地带的标志用黄色的着陆范围线和 H 符号表示,配套空间用 R 符号表示。楼梯、水箱、天线、避雷针、冷却塔等障碍物应避让起降场地 5m 以上,同时尽量避免周边场地有较大起伏,防止乱气流产生。

(二)通道及流程

(1)人流。重视对一般急诊患者、急救急诊患者分流以及可疑的传染病分流。急救中心入口必须方便、快捷和顺畅,设有无障碍通道,方便轮椅、转运车出入,并设有救护车通道和专用停靠处;有条件的应分设普通急诊患者通道和危重病患者救护车出入通道,使救护车能直接停靠在抢救大厅入口。一般急诊病人、危重症病人在到达急救中心后应分别送至不同的区域进行急救和诊治。

(2)物流。无特殊要求。清洁物品可以通过公用通道运送到各房间。一般污物应先集中到污物间暂存,医疗废物存放在医疗废物间,然后统一送至医院医疗废物暂存库或者垃圾中转站。

六、院感要求

为应对具有感染性或传染性急、危、重症的病人,急诊区域应分区设计以便做好隔离,包括相对隔离的诊室、隔离抢救区域、儿童传染病的相对隔离诊室及隔离输液室等。

第 六 章
医技科室

医技科室是医院的核心部门之一,即医疗核心区的重要科室,是全院各临床专科共享的科室,同时医技科室之间也需要相互配合。医技科室的布局合理与否关乎医院运行效率。一是医技科室的选址影响医院建成后的运维成本,如影响门急诊病人和住院病人到医技科室的往返时间和转运成本。二是医技科室的内部结构是否合理关乎科室管理是否有序及院感防控等是否到位。三是医技科室在快速发展,新的医疗设备在不停更新和开发,病人的数量也在不断增加,这就强调预留相关空间的重要性。如放射科、超声科、检验科面积等的预留,都将影响未来医院总体布局及流程的合理性。因此,合理选择医技科室位置、内部空间布局及预留合理的发展空间对医院来说非常重要。

第一节　放射科

随着医学的快速发展,越来越多的放射设备应用到临床诊疗工作中,在疾病诊断和治疗上发挥了重大的作用。不同规模等级及专业的医院,放射科的空间布局有很大差异,设计医院时必须根据不同规模及专业合理进行放射科的平面布局。

一、医疗特点及要求

(一)科室属性

放射科是医技科室,是医疗核心区的重要科室。放射科主要运用专门的放射设备,为临床提供重要诊断和治疗参考,在诊疗中起着非常重要的作用。

(二)科室特点

(1)放射科是医院公共科室,是门急诊病人和住院病人共享共用的科室,使用频率非常高。

(2)放射科设备的先进性、放射科医生的诊断能力在一定程度上决定了医院的临床能力。

(3)放射科均用大型设备,面积要求大,需要特别防护。放射科病人候检多,医技人员多,空间布局复杂。

(4)随着 MR、CT 等的功能不断开发,病人检查频次快速增加,医院拥有的设备台数也随之增加。

(5)随着医院规模扩大及新设备引进,放射科必须预留一定的发展空间。特别是综合性高等级医院需为正电子发射计算机断层扫描(PET-CT)机、正电子发射磁共振(PET-MR)机等预留场地。

(三)位置要求

许多医院规模越来越大,医院床位不断增加,平均住院日不断缩减,住院人次不断增加,CT、磁共振等检查新功能的开发只增不减。因此,合理组织放射科与其他功能单元的关系,使门急诊病人和住院病人可以方便快捷地到达和检查,将会大大优化病人的检查流程,节省病人的检查等候时间,从整体提高医院的运行效率。

(1)放射科从其功能的特殊性来看,与门急诊和住院等医疗区域有紧密的联系,相较于超声等科室的分区域设置,放射科一般采用集中设置,同时为确保病人护送或转运的便利,一般尽量放在医院建筑群的中心区域,以缩短各路病人检查的流线。

(2)从设备的特殊性来看,放射科大型设备自重大,安装转运难度高,考虑楼层加固成本、建筑荷载以及设备的运输,一般不推荐设置在较高楼层,宜设置在大楼的低层。MR 机最好在第一层,运输安装方便,建筑造价低,更换也方便。

(3)从抗干扰性来看,放射科应尽量远离振动源、移动机械源,如马路、电梯、空调冷却压缩系统、泵房等,以免影响图像质量,特别是核磁共振。

二、法规、标准、指南及其他

《综合医院建设标准》(建标 110—2021);

《综合医院建筑设计规范》(GB 51039—2014);

《医学影像诊断中心基本标准(试行)》(国卫医发〔2016〕36 号);

《医学影像诊断中心管理规范(试行)》(国卫医发〔2016〕36 号);

《放射诊断放射防护要求》（GBZ 130—2020）；

《中国医院建设指南》（第五版）。

三、相关占地大的医疗设备、医疗家具及特殊要求

放射科的设备主要有计算机 X 射线摄影（CR）系统、DR 系统、CT 机、MR 机、DSA 系统、胃肠造影机、乳腺钼靶机等。其中 CR 系统已逐渐被淘汰，但对肺结核诊断有价值。CT 机、MR 机、DSA 系统、胃肠造影机等大型设备体积大、自重大，对空间布局要求高。如果 CT 机、胃肠造影机等要放在高层，购置电梯时，载重量必须在 2 吨以上，而且电梯轿厢必须达到足够的尺寸。

四、规模及功能用房

《医学影像诊断中心基本标准（试行）》和《医学影像诊断中心管理规范（试行）》中明确标明，一个符合基本标准的医学影像诊断中心应至少配备 DR 系统 2 台、16 排 CT 机和 64 排及以上 CT 机各 1 台、1.5T 及以上 MR 机 1 台以上。但实际上随着医疗快速发展，这些指标已远远落后。医院放射科的面积无相关的指南要求，因医院专业不同、病人数量不同，所以无硬性规定，同时相应的设备安装要求有各自设备的面积推荐，不同品牌的要求也有差异。因此，大型综合性医院要充分评估病人数量的增加，需预留多个大型设备机房。

医院空间的规划、布局对医疗流程、患者体验有重要的影响，放射科的空间规划尤为如此。目前大多数医院的放射科集中设置，分为候检厅、检查区、工作区和辅助用房。

五、平面功能布局

（一）医疗及辅助用房

（1）候检厅。候检厅面积可根据阶段时间内检查患者人次而定。候检厅是患者等候检查的区域，候检厅包括登记处、取片处（自动取片机和自动取报告机等的存放区）、准备室（CT、MR 增强置针、拔针室）、患者更衣室等。候检厅应宽敞舒适，布置相应候诊椅，还应预留转运车（床）停放区，可灵活调配较大空间。候检厅通道应设置无障碍设施，方便轮椅、转运车、病床出入。候检厅内或毗邻区域应有卫生间，方便患者所需。

（2）检查区。已建的医院由于 CT、MR 技术的发展，医院规模的扩大，CT 机、MR 机的台数也在不断增加，常常为新增 CT 机、MR 机的机房场地而发愁，所以在新设计医院时应留有

足够的机房空间。CT 机房应符合《放射诊断放射防护要求》(GBZ 130—2020),同时机房设置应便于机器安装和医生操作,以及转运车、推车出入。CT 室或 MR 室附近候检厅设置放射科专用准备室(注射和观察室),可多台 CT 机、MR 机共用,为 CT 或 MR 增强扫描预置留置针及检查完成后观察和拔针用。

①CT 检查区(如图 6-1 所示)。包括设备间、控制室和检查室,CT 检查室的面积应大于 40m²,单边最小长度应大于或等于 4.5m;配套合适面积的控制室和设备间,所有检查室建造后必须通过环境检测,检查室内布局也有讲究。

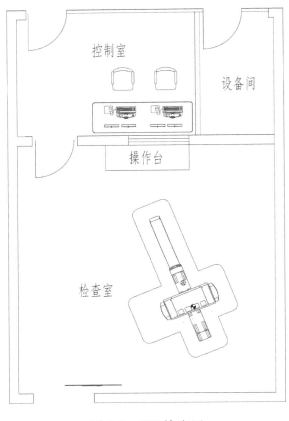

图 6-1 CT 检查区

②MR 检查区。1.5T、3.0T MR 及当量更高的建议使用面积应大于 50m²,其中 1.5T MR 检查室长宽设置为 7m×6.5m 以上,设备间 6.5m×2.5m,控制室 4m×3m;3.0T MR 检查室 7.8m×6.5m 以上,设备间 7.8m×2.5m,磁共振有特殊的屏蔽要求。

③DR 检查区。检查室面积大于或等于 24m²,控制室面积 6~8m²,单边最小长度为 3.5m;设备一般不需要另外配备设备间,随机配电柜等设施可以放置在检查室内。

④CR 检查区。空间设置同 DR 检查区一致。

⑤DSA 检查区。规模不大的医院常常将 DSA 系统设在放射区域,大型医院由于介入量大,手术种类多,DSA 系统数量多,往往在一个特定的区域设立介入手术区,把所有 DSA 系

统集中管理，也有的设在相应的病区中。详见第八章第二节导管室的内容。

⑥乳腺钼靶室。乳腺钼靶扫描室面积应不少于 $10m^2$，控制室面积 $4\sim6m^2$，扫描室内单边最小长度为 $2.5m$，有的医院直接将该室设在乳腺专科门诊区域。

（3）工作区。工作区主要包括阅片及诊断报告区、晨间集中阅片区、远程会诊中心、示教室、一般库房及耗材库房。

①阅片及诊断报告区。是医生集中阅片及诊断报告的区域，医生的能力水平决定了阅片及诊断的快慢，由于 CT、MR 技术的快速发展，扫描层数越来越多，医生的阅片及诊断工作量大大增加，再加上病人数的快速上升，放射诊断医生的工作负荷很大。已建或新建医院可能都会为阅片及诊断报告区的医生阅片位的不足而苦恼。按一个阅片位 $3.5\sim4m^2$ 计，根据检查病人数量及病人检查项目的数量及内容（部位越多、扫描层数的越薄，阅片负担越重）来确定阅片及诊断报告区面积，需强调的是一定要预留足够的医生阅片及诊断报告区空间。大型医院由于阅片医生多，常设多个阅片及诊断报告区。

②晨间集中阅片区。面积依医生数而定，需 $50\sim80m^2$。

③远程会诊中心。可与晨间集中阅片区整合。

④示教室。面积在 $25m^2$ 左右，也可与晨间集中阅片区整合。

⑤一般库房。主要存放检查床单及一般耗品，面积在 $15m^2$ 左右。

⑥耗材库房。主要存放造影剂及高压注射器筒等，面积在 $30m^2$ 左右。

（4）辅助用房。包含医生休息区、医生值班室、更衣室、卫生间、污物间、污洗间等用房。各辅助用房面积可根据放射科规模大小而定。

（二）通道及流程

放射科人员流线、物流线无特殊硬性要求。目前比较常见的是集中设置放射科，许多医院喜欢三区两廊的结构，即整个放射科分为候检厅、检查区和辅助工作区，通过内、外两条走廊建立联系，外廊为患者通道，内廊为医技人员通道，医技人员、患者的通道分开，使得患者与医技人员相对独立。三区两廊结构能给医技人员一个独立的空间，但占用空间面积大。另外，现代建筑都有地下车位，建筑结构固定，所以在设计布局上有很大困难，在空间上可能存在浪费。建议尽可能将医患通道合并设计，节约建筑面积。规模不大的医院放射科的设备一般集中设置，也有部分大型医院把部分 CT 机、MR 机设置在住院楼内来提高住院病人检查的便利性，减少转运成本。

六、院感要求

一般病人无特殊要求，但呼吸道传染病人需要独立区域，如新型冠状病毒肺炎、SARS 等流行期间要求在发热门诊及隔离病区内独立放置 CT 机或 DR 系统,但目前许多医院将独立 CT 机备用于相应区域有一定的困难。

平时三类病人要引起关注:一是肺结核病人;二是多重耐药菌感染病人;三是流感病人。

七、其他要求

(1)放射科设备间发热量较大,精密度较高的机组要求有相对稳定的温度和湿度,必须采用独立空调。如 CT 机、MR 机等都对环境的温度和湿度有较高的要求,因此设备间应建立独立的空调系统,具有恒温、恒湿功能,制冷、制热一定要有足够余量,主要是设备产热大及开门次数极为频繁。同时必须考虑设备自带空调外机位置及附属设备的安装位置。控制室建议单独安装空调,避免季节变化时人、机与室内温度需求的矛盾,也能降低空调运行噪声对控制室放射医技人员的影响。因此放射科在设计布局控制室时,需要设置室外机相关空间的位置。

(2)放射科的规划设计相对其他科室来说比较复杂,其设计需要以患者为中心,要按照医疗技术和设备要求进行,也要有机结合建筑学与医学专业,除此之外还要满足辐射防护或磁屏蔽要求。合理布局放射科在医院平面中的位置,形成一个好的流程架构,是优秀医院设计的重要部分,这将为医院总体流程的合理性、便捷性和适应未来的医学发展提供保障。

第二节　超声科

超声诊断作为四大医学影像技术之一,广泛应用于医院各临床科室。超声科是将超声检测技术应用于人体,从而为医生诊断人体器官组织的形态结构、物理状态与功能形状提供依据,是发现疾病、做出诊断提示的一种简单准确的方法,具有无创、无痛、无害、快速、方便、直观的优点。随着超声技术的快速发展,适用于不同临床诊疗需求的超声诊断技术不断涌现,超声应用领域也在不断拓宽。目前超声科开展的超声诊疗技术包括常规 M 型超声、B 型超声、彩色多普勒超声、三维超声、经食道超声、经阴道及经直肠超声、超声导向穿刺及治疗、声学造影等,广泛用于各个临床专科的诊断和治疗。超声医学随着新功能、新技术不断开发和普及,早已不仅仅局限于传统诊断项目,而是在临床应用中发挥了越来越重要的作用,多种方法已经直接参与临床治疗。如何营造一个良好的超声诊疗空间,合理规划医院超声检查空间,需要认真研究布局。

一、医疗特点及要求

(一)科室属性

超声科是医技科室,是医院各学科共用、共享的科室,是医疗核心区的重要科室。

(二)科室特点

(1)超声科医技人员众多,亚专科多,诊断病种多,各种检查技术还在不断开发。

(2)超声科病人人流量大,候检厅需设置预约候检厅及二次候检厅。

(3)尽管有预约,但许多病人会早到,所以公共区域的面积设置应偏大,而检查室面积则不需过大。

(4)要做好超声科合理分区,如腹部区、妇科区、心血管区、头颈部区、乳腺区及穿刺诊疗区等。

(三)位置要求

超声科应以便捷为出发点,为患者提供方便的检查流程。超声科应用于医院各临床专科,其位置不宜布局在高层,通常与门诊部、住院部要有便捷的联系。最佳位置应与其他医技科室相邻布局,能方便患者完成各种检查。超声科在医院中的设置有集中和分散两种模式。集中模式是指超声设备集中设置在一个区域,所有超声检查都集中在一个地方,国内大部分超声科布局都采用这种模式。分散模式是指超声设备在大部分集中的基础上,部分分散设置在相应的医疗楼(主要是内外科普通超声检查),方便患者就近检查。部分专科门诊超声检查也可采用这种设置(如乳腺超声设在乳腺专科门诊)。集中有利于资源调配,部分分散布局可减少患者检查转运的路程,其中的利弊视医院具体情况而定。

二、法规、标准、指南及其他

《医院感染管理办法》;

《医学影像诊断中心基本标准(试行)》(国卫医发〔2016〕36号);

《医学影像诊断中心管理规范(试行)》(国卫医发〔2016〕36号);

《中国医院建设指南》(第五版)。

三、相关占地大的医疗设备、医疗家具及特殊要求

超声科主要配备各类超声仪以及开展诊疗项目所需的检查床、桌椅、电脑及打印机等。

四、规模及功能用房

超声科无相关规模要求，规模根据医院规模及区域服务人数而定。《医学影像诊断中心基本标准（试行）》要求每台超声诊断设备使用面积不小于 $20m^2$，但在临床使用中，我们觉得 $16\sim18m^2$ 即可满足需要。超声科同放射科等一样，可采用三区两廊或三区一廊式结构，三区为候检区、检查区、辅助区。其医疗用房主要包括候检区、检查区（如腹部区、妇科区、心血管区、头颈部区、乳腺区、穿刺诊疗区等）；辅助用房包含更衣室、办公室、示教室、值班室、休息室、资料室、库房、卫生间、污物间及污洗间等。

五、平面功能布局

（一）医疗及辅助用房

（1）候检区。检查预约、分时段预约已是趋势，但有的病人还是早早到医院等候，特别是年纪大的病人。这种现象在超声科尤为明显。来超声科就诊的病人多为孕妇、老人、住院病人等，都需要人陪护，所以候检区的设置要根据检查人数合理设计。一般候检区面积（一次候诊）可在 $60m^2$ 左右。

①为便于检查、减少拥挤，通常在布局超声科时，会把候检区域分成一次候检区和二次候检区。一次候检区设置在区域较大的大厅，可容纳检查人数的两倍的人数，二次候检区在通道上的诊室门口。

②为了避免二次候检区拥挤，超声区通道采用宽道设计，可在两边放候检椅，同时保留转运床和轮椅的空间。两边放候检椅时，走道宽尽量做到 3.4m 以上；单边放候检椅时，通道宽度尽量做到 3m 以上。

③在候检区设置服务台，协调落实检查期间的各类服务事项，同时可在服务台附近设置特殊检查准备室，为穿刺诊疗病人提供准备场所。

④在公共等候区设置自动检查报告机位置。

⑤超声检查等候时间比较长，加之有的检查需要憋尿，如妇科、膀胱、前列腺等检查，在超声检查区域设置卫生间很有必要。

（2）检查区。超声科业务量大，人数众多，检查室密闭黑暗。规范合理设置检查室，不仅可以减少医务人员的环境压力，而且提高了医务人员的工作效率。

①在空间布置上，除了按标准设置的超声检查室，宜按专业将检查室划分为腹部超声区、妇科超声区、心血管超声区、头颈部区、乳腺区、超声穿刺诊疗室等。

②注意空间上的私密性，妇科检查项目与一般检查项目分开，由于患者检查时可能需要解开衣裤，应在诊床边设置隔帘等。另外，门的左右分布也非常重要，这决定了患者转运的方便性。

③在建筑结构上，检查室的面积一般设置在 $16\sim18m^2$，检查室门宽宜为 1.15m 左右，房间内设置助手工作台、仪器设备、检查床、洗手盆等设施（如图 6-2 所示）。

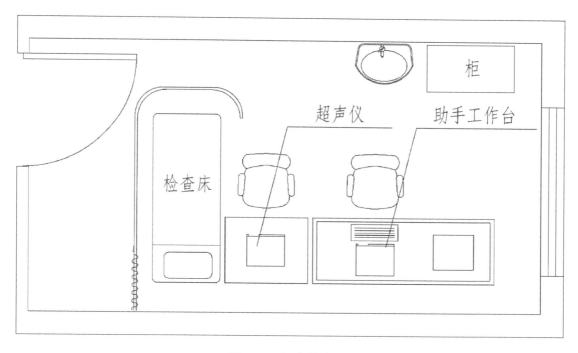

图 6-2　超声检查室

④应独立设计超声科的新风系统、空调系统。超声科与放射科一样对冷热环境要求高，机器产热大，制冷制热应留有余量。

（3）超声穿刺诊疗室。超声引导下的穿刺活检及治疗，可完成组织学及细胞学的病理检查及基因检测，进行囊液抽吸、硬化治疗以及肿块的射频治疗等，对临床诊断与治疗发挥重要作用。超声穿刺诊疗室要求环境安静、清洁，且无强电磁场干扰，可划分为准备间、手术间和复苏间。手术间面积以 $30m^2$ 为宜，根据医院规模不同配 1 间或多间。配置超声仪、手术床、麻醉机及呼吸机、心电监护系统、供氧供气及吸引设备带。复苏间供患者麻醉后复苏使用（一

般少用），面积在 25m² 左右。更衣室、洗手区设置流程要求基本同门诊手术室，面积在 25m²
左右（如图 6-3 所示）。

图 6-3　超声穿刺诊疗室

（4）污物间及污洗间。污物间面积一般在 8m² 左右，污洗间面积在 8m² 左右，一般设置在人员流动少的一端。

（5）辅助用房。辅助用房有医护更衣室、办公室、示教室、值班室、休息室、公共卫生间、库房等。面积根据医院布局及超声科规模而定。

（二）通道及流程

超声科对人员流线、物流线无特殊管理要求。超声穿刺治疗室的流线要求同门诊手术室要求。

六、院感要求

超声科的院感要求比其他科室高，穿刺、食道、阴道超声有特殊院感要求，超声穿刺治疗室同门诊手术室管理要求。

第三节　检验科

医学发展日新月异，大量新技术、新的疾病标志物的发现和应用使检验医学发展突飞猛进，检验科在医院诊疗过程中发挥的作用越来越大。通过近几年的快速发展，检验医学也形成了一系列完整的质量管理体系，如 ISO 15189 认证体系。现代综合性医院检验科的空间设计也会随之发生变化，在医院建设布局中，检验科的空间设计、功能平面布局的合理性非常重要，特别是面积的确定及内部功能分布和人流、物流规划及优化等。

一、医疗特点及要求

（一）科室属性

（1）检验科属于医技科室，是医院的公共科室，也是医疗核心区的重要科室，与每一个医疗部门、每一位病人诊疗都息息相关。

（2）检验科是接收包括门急诊病人、住院病人、体检以及部分科研的各种人体血液、体液或组织等样本，进行检验分析，并发出检验报告的检验诊断科室。

(二)科室特点

(1)检验科一般进行临床检查、生化检查、免疫检查、微生物检查、分子诊断检测等。

(2)检验科的标本多为血、尿、便、体液及病变组织等,可能带菌、带病毒,因此各检验部门应自成独立区域,相互之间不交叉,以保证生物安全。

(三)位置要求

临检(临床检验)是检验科的前端部分,一般设置在门诊楼,并自成一区或与一些简单的生化成一体。大型医院检验科一般将普通门诊、发热门诊、急诊、住院部分设相应功能的检验区域,以求便捷。集中式设置一般将门诊、急诊、住院部的检验集中在同一区域内,这样设置流线便捷、管线集中,可以争取最大化的使用面积、高效的设备使用效率。但医院在整体规划时,为方便门急诊,总会在门急诊区域内设置一定规模的临检区域,所以许多医院分区域布局,把大生化、免疫整入自动检验流水线,微生物、分子诊断各自成一区域,尤其是微生物检测区有严格的分区布局和管理。

二、法规、标准、指南及其他

《医院感染管理办法》;

《医学检验实验室基本标准(试行)》(国卫医发〔2016〕37号);

《医学检验实验室管理规范(试行)》(国卫医发〔2016〕37号);

《中国医院建设指南》(第五版)。

三、相关占地大的医疗设备、医疗家具及特殊要求

按照《医学检验实验室管理规范(试行)》,医学检验应配备基本设备及信息化设备,空间布局要充分考虑设备的大小及其使用操作面积。一般来说,临检部分配备血球流水线、推片机、尿液分析仪、粪便处理分析系统、白带检测分析仪、精子质量分析系统、凝血分析流水线、血气分析仪、循环增强荧光分析仪、化学发光测定仪、血液流变仪等;生化部分配备大型生化免疫流水线、特定蛋白仪、电泳分析仪、电泳荧光分析仪、微量元素分析仪等;免疫部分配备免疫印迹仪、蛋白印迹仪、化学发光免疫分析仪等;分子诊断部分配备实时荧光定量聚合酶链式反应(PCR)分析仪、基因扩增仪、核酸提取纯化仪、多功能流式点阵仪、流式细胞仪、血栓弹力图仪等;微生物部分配备快速微生物质谱检测系统、微生物快速检测系统、细菌分枝杆菌检测

系统、微生物及药敏分析系统、医用 PCR 分析系统、结核分枝杆菌显微扫描系统、微生物培养系统、酶联免疫分析仪、高压蒸汽灭菌器等。由于检验医学还在快速发展，新的设备层出不穷，需要预留足够的空间以备未来发展所需。

四、规模及功能用房

按照《医学检验实验室管理规范（试行）》，检验科规模根据门诊量及住院床位数和开展项目而定。一般检验科设置 1 个临床检验专业的，建筑面积不少于 500m²；设置 2 个及以上临床检验专业的，每增设 1 个专业建筑面积增加 300m²。主要功能用房使用面积不少于总面积的 75％。当然检验科的面积也应根据医院规模大小和承担任务多少而定，根据目前所开展的检验项目、仪器装备和标本数量，通常三甲医院检验科使用面积不宜少于 2000m²，二甲医院检验科使用面积不宜少于 1000m²，如果三甲医院检验科还承担较多的临床科研，面积还应适当增加，使用面积不宜少于 4000m²。主要功能区设置临床检验区、生化免疫检验区、微生物实验区、分子生物学实验室等功能区域。辅助功能区设置办公区、更衣室、冷库、常温库、UPS 间、危化品室等用房。

五、平面功能布局

（一）医疗及辅助用房

本着资源共享、减少重复建设、防止交叉污染、能应对突发事件的原则，检验科根据医院规模、性质类别而设置专业分区。一个设计科学合理的检验科，能为检验人员提供一个安全、高效的工作环境。

（1）临床检验区（临检区）。临床检验指的是一些常规检验，是检验项目中一类基本、频繁的检查。临床检验区分为多个小区域，如急诊临检区、发热门诊临检区、门诊和病房临检区，为门诊服务的临检区，应有等候处和标本采集室。临检区的面积要求一般为二级医院不小于 200m²，三级医院不小于 500m²。临检区的面积可根据此标准结合实际情况进行调整。

（2）生化免疫检验区。生化免疫检验是检验科检验项目中的重要部分，其项目种类繁多，所需的仪器设备也多，许多医院配备大流量流水线的全自动生化检测仪器设备，而且这些仪器设备的体积都比较大，适合采用大空间布局，考虑医院大型设备的增加，其总使用面积应不小于 1600m²（如图 6-4 所示）。

图 6-4　生化免疫检验区

（3）微生物实验区。微生物实验区应有足够的操作空间。根据我国现状，大多数微生物实验区进行细菌培养、鉴定和药敏试验，建议二级医院使用面积不低于 $100m^2$，三级医院使用面积不低于 $300m^2$。微生物实验区需要严格划分污染区、半污染区和洁净区，设置门禁，并按检测功能进行相对分区（如图 6-5 所示）。

（4）分子生物学实验室。完善的分子生物学实验室一般分为三个工作区域，分别为试剂准备室、样品制备室、扩增分析室，通常每个区域的面积在 $20m^2$ 左右。各工作区域必须有明确的标记，避免不同工作区域内的设备、物品混用。大型医院的分子生物学实验室更复杂，需更大面积。

（5）辅助用房。

①办公区。办公区为检验人员进行办公休息的区域，一般除了实验操作这些医疗性质的工作外，检验人员还需要进行一些书面性质的工作，这些工作都在办公区进行。办公区通常包括主任办公室（$15m^2$ 左右）、技师办公室（$30m^2$ 左右）、示教室会议室（$40\sim50m^2$）、资料室（$10m^2$ 左右）、休息室（$15\sim20m^2$）、值班室（男、女值班室各 $10m^2$）等。

②更衣室。检验科是一个有洁净度要求的工作场所，医务人员在进入时需要更衣，所以在各分区的检验人员入口处应设置男、女更衣室，面积视区域内工作人员数量而定，一般男更衣室 $10\sim15m^2$，女更衣室 $20\sim30m^2$。

③冷库和常温库。为保证试剂的质量，检验科需设置冷库和常温库，冷库和常温库面积根据每日检查数量而定，分别在 $20m^2$ 左右，最好留有余地。

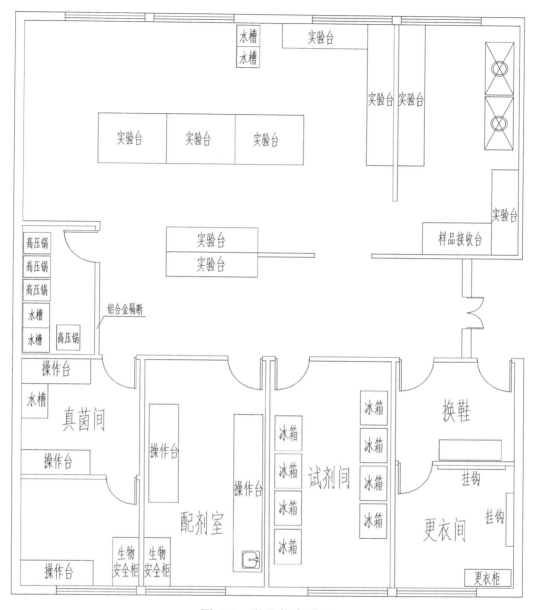

图 6-5 微生物实验区

④UPS 间。为了保证检验科的正常运行等,检验科必须设置面积合适的 UPS 间,UPS 间需 25m²,强调房间的通风性及承重性。

⑤危化品室。检验科许多相关试剂属于危化品,根据现代医院管理要求必须储存在专门的危化品室。危化品室面积一般在 10～12m²。

(二)通道及流程

检验科人流、物流需分开,设置两条流线:一条为工作人员流线,从清洁区开始,换鞋、更衣、洗手,进入检验区域进行工作,工作结束后再从原路返回;另一条为标本流线,标本从窗口采集、交接或者传递,经过预处理和登记(扫码),检查后进行消毒,统一进行专业收集和处理。特别是废弃标本需有专门出口,且经医院的污物通道至集中的医疗废物存放点。

人员流线:进出口—办公室—换鞋—更衣—洗手—各实验室—洗手—更衣—换鞋—进出口。

标本流线:标本采集—标本接收—标本处理(标本登记、分拣、离心)—标本检测—标本保存—废弃处理。

污物流线:收集打包—污物走廊—污物分类—污物出口。

六、院感要求

检验科应符合生物安全管理和医院感染管理等相关要求,严格区分清洁区、半污染区、污染区。清洁区由办公服务用房组成,供工作人员办公、学习、研究、开会、休息及值班使用,集中布置,自成一区,通过缓冲间与污染区隔开。半污染区为缓冲区,医务人员进出检验室可在此区域换鞋、更衣。污染区主要为标本接收及取样间、实验检测区及个别相关辅助用房,实验检测区是检验科的核心区域,也是检验科面积最大的区域,检验科的相应检验都是在这里进行的。为保证检验人员的工作安全,实验室的出口处应设有非手动洗手装置和紧急洗眼装置,部分高污染风险的取样应在二级生物安全柜内进行。

第四节　病理科

病理科是现代医院的重要组成部分,病理诊断的权威性决定了它在部分病人的医疗诊断中的决定性作用,因此病理科的建设对医院整体的医疗诊治能力提高非常重要,在病理科设计布局中需要考虑的问题较多。

一、医疗特点及要求

(一)科室属性

病理科是介于临床和医技之间的一个全院共用的科室,与外科,特别是肿瘤科关系更密切。

(二)科室特点

(1)病理科是综合性医院必不可缺的科室,其主要任务是在医疗过程中承担病理诊断工作,为临床提供明确的病理诊断依据。

(2)病理科一般开展常规病理组织及液体检查、特殊染色、细胞病理学诊断、术中快速切片、免疫组织化学染色、分子病理学等检测项目。

(3)与其他诊断手段相比,在组织病理中,病理诊断可信赖、重复性强、准确性高,临床医师根据病理报告决定治疗原则,估计预后以及解释临床症状。

(4)病理送检标本常混有脓血、黏液、腐烂坏死组织。在设计标本处理室时,应容易冲洗消毒,并有污水消毒处理措施。

(5)病理科会大量使用二甲苯、乙醇、甲醇等有毒、易燃试剂,这些属于危化品。防火措施、通风设计极为重要,布局时楼层高度也需要重点考虑。

(三)位置要求

病理科是面向临床、服务临床的科室,主要对病人的组织标本进行检查。标本送检由专人和物流送达。因此,病理科布局上可不必邻近门诊,位置上应尽量毗邻手术室,方便手术标本特别是术中快速冷冻切片标本的送检和术中沟通联系,有利于术中冷冻切片诊断报告时间缩短。病理科应设置在相对独立的区域,通过门禁系统控制人员进出,避免无关人员进入。

二、法规、标准、指南及其他

《医院感染管理办法》;

《病理诊断中心基本标准(试行)》(国卫医改发〔2016〕65 号);

《病理诊断中心管理规范(试行)》;

《病理科建设与管理指南(试行)》(卫办医改发〔2009〕31 号);

《中国医院建设指南》(第五版)。

三、相关占地大的医疗设备、医疗家具及特殊要求

病理诊断常规设备包括离心机、加样器、生物安全柜、标本柜、切片柜、蜡块柜、数字切片系统、光学显微镜等;相应数量的分子病理诊断和技术设备,如 PCR 相应设备、核酸提取设备、分子杂交仪、低温离心机、荧光显微镜等;专业病理设备,包括密闭式全自动脱水机、蜡块包埋机、HE 全自动染色机、摊片机、石蜡切片机、自动液基/薄层细胞制片设备、冷冻切片机、全自动免疫组化染色机等。

四、规模及功能用房

由于医院规模不同、专业侧重及开展项目不同,病理科的规模及相关设置也不一样。因

条件所限,部分不能开展的病理学诊断服务项目可与有资质的医疗机构签订外包服务协议。二级医院除开展常规组织病理学诊断、细胞学病理学诊断和特殊染色外,原则上应开展术中快速冷冻切片。三级医院应开展免疫组化、分子病理学检测项目,并具独立开展尸体解剖的能力。按照《病理诊断中心管理规范(试行)》,病理科建筑面积不少于600m²。但在设计布局时,实验室及其他功能区面积需满足工作的需要,并留有发展余地。一般来说,三级甲等医院病理科工作用房面积应大于或等于1000m²,三级乙等医院和三级专科医院应大于或等于600m²,二级甲等医院病理科用房应大于或等于500m²,二级乙等医院应大于或等于200m²。其中业务用房面积不小于总面积的75%。

病理科要符合生物安全的要求,清洁区、半污染区和污染区划分需清晰,各区之间需设置缓冲区。主要功能用房包括标本接收室、标本取材/脱水/冰冻室、切片/染色室、仪器和消毒供应室、免疫组化室、分子病理实验室、阅片办公区、病理标本库、危化品室、保洁工人休息间、更衣室、浴室、卫生间、医疗废物间、污物间及污洗间等。

五、平面功能布局

(一)医疗及辅助用房

(1)接待区。应在病理科的入口处设置供病患及家属等候的公共空间,面积在20m²左右,以方便送病理标本及取病理报告。有条件的医院可在公共等候区旁设置接待室,接待病理问询的患者及家属。

(2)技术人员工作区。

①标本接收室。在病理科内部空间与外部空间的交界处设置接收室,面积在10m²左右,接收通过不同途径来的病理标本。送检标本可能混有脓血、黏液、腐烂坏死成分。设计时注意室内须容易清洗消毒,并有污水消毒处理措施。

②标本取材/脱水/冰冻室。为方便病理标本收检、取材,面积应在60m²左右。按医院需求合理配备专业取材台、专用标本存放柜、大体和显微照相设备、电子秤、冷热水、溅眼喷淋龙头、紫外线消毒灯。取材台旁设办公桌,以及时记录取材数据。在房间门口的位置设置洗手盆,同时应设置紧急清洗设备,以便技术人员进行常规和紧急情况的清洗。房间内应有排风设备。

③切片/染色室。可分为切片室和染色室,面积应分别不少于30m²,呈套间设置。配备石蜡切片机、冰冻切片机、组织包埋机、冰箱、磨刀机、液基细胞制片设备、恒温箱、烘烤片设备、排风设备等。

④仪器和消毒供应室。仪器区需特殊设计,通常位于取材室和切片室之间,通过门相通。将自动脱水机、自动染色机及使用大量福尔马林、二甲苯等有害试剂的仪器单独集中在一间,设统一排气装置,以减少空气污染,面积在30m²左右。

⑤免疫组化室。为免疫组化实验的工用作房,解决常规病理诊断中遇到的疑难病例,进行免疫组化检测,面积不少于 50m²。需设置免疫组化工作台,配备微波炉、高压锅、冰箱等,有条件的可配备全自动免疫组化染色机。该房间应设置排风设施。杂交及流式实验室均需设置工作台面及洗手盆。

(3)分子病理实验室。相邻工作走廊应设置有出入口的整体缓冲区间(入口对应Ⅰ区,出口对应Ⅳ区),自整体缓冲区可分别通向 4 间实验区,即Ⅰ区(试剂准备区)、Ⅱ区(样本准备区)、Ⅲ区(扩增区)、Ⅳ区(扩增产物分析区),每个实验区设置单独的缓冲区,每个实验区间通过传递窗运送标本及试剂。Ⅰ区、Ⅱ区、Ⅲ区为正压房间,Ⅰ区的压力大于Ⅱ区的压力,Ⅱ区的压力大于Ⅲ区的压力,Ⅳ区为负压房间。总面积需在 150m² 以上,其中Ⅱ区面积要求最大(如图 6-6 所示)。

走　道

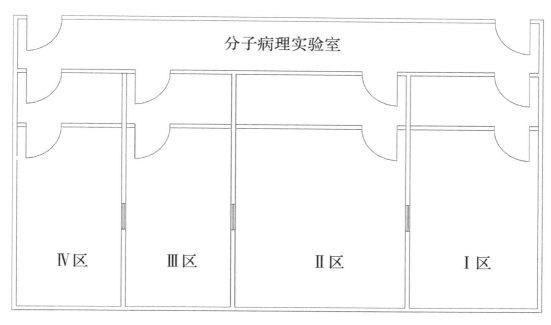

图 6-6　分子病理实验室

(4)阅片办公区。是病理医生阅片及审核病理报告、开展会诊、研究及示教的办公区域。办公区可设置诊断室,面积在 60m² 以上,可分为多间,会诊室 30m² 左右,医生办公室 20m² 左右,主任办公室 10m²,示教室 30m²,技术人员办公室 20m²,资料室 40m²,片库 120～200m²。此区域用房宜邻外窗设置,使房间获得良好的自然采光及通风。各房间可由一条医生和技术人员走廊串联,由于此走廊仅医生和技术人员通行,故走廊宽度设置为 1.6～2m 较为合理。

(5)病理标本库。随着院龄增加,医院会逐年积累一些少见的大件病理标本,供教学使用。根据规模不同,病理标本库的面积在 200～300m²。

(6)医疗废物间。面积在 10m² 左右,暂存废弃组织及标本。

(7)污物间及污洗间。面积各在 8m² 左右。

(8)保洁工人休息间。面积在 4m² 左右。

(9)危化品室。面积在 8～10m²。

(10)其他用房。医生及技术人员更衣室(男、女更衣室分别 10m² 左右)、浴室(男、女浴室分别 4m² 左右)、卫生间(男、女卫生间分别 4m² 左右)、休息室(12m 左右)等不同的功能用房设置在技术人员工作区(标本处理及切片染色区)与医生阅片办公区之间。用房面积还需视病理科规模而定。

(二)通道及流程

病理科的流程可分为标本流线及人员流线。标本流线以从标本接收到病理切片制作流程为主;人员流线以病理科技术人员为主,技术人员从清洁区、半污染区进入污染区,病理诊断医生流线无特殊要求。

六、院感管理

各种废弃病理标本应分类处理(焚烧、入污水池、消毒或灭菌),保持室内清洁卫生,每天对空气、各种物体表面及地面进行常规消毒。在进行特殊传染病标本检验后,应立即消毒处理,防止扩散。

第五节　核医学科

核医学主要是使用相关设备及放射性元素开展疾病诊断和治疗的学科,包括核素显像、脏器功能测定分析和治疗等内容,是现代医学的重要诊疗手段之一。不同医院对核医学科的定位不同,配置的设备和开展的医疗项目有显著差异,因此各医院核医学科的功能布局、空间设计需要根据医院规模和等级而定。在设计医院时,只要留有独立的、面积足够的、通道合理的区域即可。内部分割布局可以由专业设计人员完成。

一、医疗特点及要求

(一)科室属性

核医学科是医院重要的医技和临床科室之一,开展核医学检查和治疗,主要是辅助临床科室对疾病做出正确诊断并选择治疗方法。

(二)科室特点

(1)主要利用放射元素在特定的设备仪器下进行医学诊断,包括病理诊断及功能诊断,常用的设备有发射型计算机断层扫描(ECT)机、PET-CT 机、PET-MR 机等,常用的放射性元素有 99Tc 和 99Mo 等。

(2)利用放射性元素对病变部位,主要是肿瘤进行内放射治疗。如利用碘 131 治疗甲状腺疾病;利用钴 60(后装)治疗妇科疾病等。

(三)位置要求

核医学科大多属于第 3 类开放型放射性工作,其位置布局应充分考虑周围场所的安全。为了便于放射防护,如条件许可,核医学科室最好占据一幢独立的建筑物。如果用地条件不允许单独建设,也可以设在医院的一般建筑物内,尽可能做到相对独立布置或集中设置在建筑体的一端和底层,与非放射性科室相对隔离,做好相应的防护工作。

二、法规、标准、指南及其他

《综合医院建设标准》(建标 110—2021);

《核医学放射卫生防护要求》(GBZ 120—2020);

《医用放射性废弃物的卫生防护管理》(GBZ 133—2009);

《电离辐射防护与辐射源安全基本标准》(GB 18871—2002);

《中国医院建设指南》(第五版)。

三、相关占地大的医疗设备、医疗家具及特殊要求

核医学影像设备主要包括单光子发射计算机断层扫描(SPECT)机、PET-CT 机、PET-MR 机等核医学影像设备及相应的医疗家具。在建筑设计时要充分考虑设备的大小、安装、维修及到期更换的要求。

四、规模及功能用房

核医学科的建筑面积应根据医院开展的业务范围、工作量并兼顾近期需要和远期发展,按照我国现行的《综合医院建设标准》(建标 110—2021)相关规定,PET-MR 单列项目房屋建

筑面积 300～500m²；PET-CT 单列项目房屋建筑面积 300m²；每增加一台 PET-CT 机还应增加 300m²。肿瘤的植入性内放射治疗常常在 DSA 或 CT 的帮助下完成，由于射线强度低，常常兼用普通 DSA 或 CT 机房，但病人回病房后要求有一定射线防护；碘 131 治疗甲状腺疾病需要有特定独立的区域，一般是独幢病房楼，内设独立的多间有防护的单人病房，病人在一定的时间内是隔离的，还需有一定的隔离活动空间；钴 60（后装）治疗区在设计时，可根据医院发展情况合理预留相应的位置和空间。

核医学科的工作环境属于开放型放射性工作场所，一般可按照医务人员工作流程合理安排功能用房和设备用房，而且核医学科功能布局必须按核安全要求设置。主要功能用房有 ECT、PET-CT 检查室及相应设备用房，注射室，标记药物分装室，放射性物质贮存室，废物间，候检厅，注射后候检区，男/女卫生间，预约登记室，诊室，报告室等（如图 6-7 所示）。

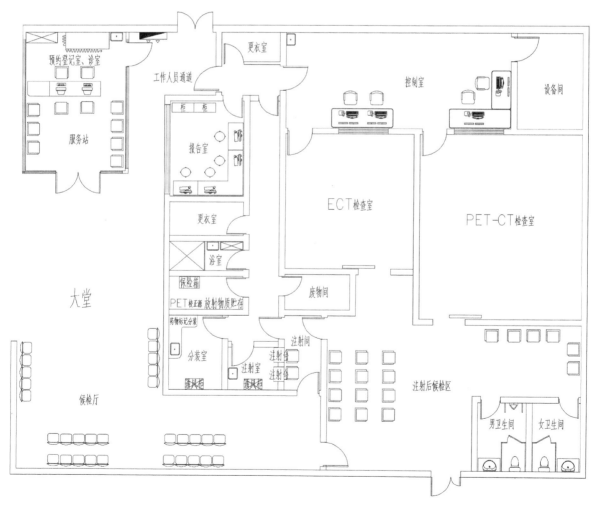

图 6-7　ECT、PET-CT 中心

五、平面功能布局

下面以 ECT 及 PET-CT 检查室为例对平面功能布局进行说明。

(一)医疗及辅助用房

(1)预约登记室、诊室。预约登记室的功能为接待核医学科诊疗患者预约、检查患者登记、患者取报告单及接待患者问询。诊室为检查前医生询问患者病史等信息的房间。为了便于工作,预约登记室与诊室往往一同设置,且应设在距患者较近的检查入口处位置,以方便患者,建筑面积在 20～30m²。

(2)候检厅。为患者等待注射和患者陪护人员的等待区域。到核医学科报到待检的患者都有提前预约,每天的检查量是一定的,患者数目不会突然增多,因此核医学科候检厅的面积不需要大,可根据医院检查服务量合理设置。

(3)PET-CT 检查室。由扫描检查室、控制室和设备间等构成,扫描检查室与控制室紧靠布置,中间设置观察窗,设备间宜与扫描检查室靠近。扫描检查室的面积不少于50m²,一般不小于 7.6m×6.5m。控制室面积一般为 15～30m²,与扫描检查室相邻。设备间面积一般为 15m² 左右,必备设备有专用配电柜、CT 机电源柜、PET-CT 水冷机及校正源防护箱。

(4)ECT 检查室。由扫描检查室和控制室构成,不需要设备间,布局设置也可采用与 PET-CT 检查室同样的方式。通常设计扫描检查室时,各方向的尺寸应满足设备尺寸要求最大的机型,以保障适用于各种机型的设备,并且为以后更换新机型留有余地,常规扫描检查室总有效使用面积应大于 30m²,考虑到采购的品牌和机型的不同,室内空间为 7m×6m 即可满足目前我国市场上的各种通用设备的要求。这里强调一点,有的功能检查如心肌的显像(存活心肌),ECT 与 PET-CT 必须用同一品牌、同一时间的设备,而且需要特别的软件。所以在布局机房时,最好将 ECT 机与 PET-CT 机放在同一区域。

(5)注射室、标记药物分装室、放射性物质贮存室、废物间等。这几个功能用房需紧靠设置。其中注射室一般紧靠分装室设置,两个房间之间有传递窗口,并在注射室安装注射窗口,患者在一侧,护士在另一侧,通过窗口进行注射操作。口服药物则通过传递窗传递给患者,护士通过窗口指导患者服药,并观察患者服药后的反应。通常建议标记药物分装室不小于15m²,放射性物质贮存室不小于10m²,注射室、废物间视规模和检查量而定,一般分别在 10m² 左右。本区域内还需设浴室 4m² 左右。

(6)注射后候检区。供注射放射性药物后的患者等待放射性药物在体内达到稳定分布时的休息场所,也可作为患者扫描检查后短时间的留观场所,面积一般为 40～50m²。

（7）男/女卫生间。绝大多数放射性药物通过尿路排泄,患者因尿中含放射性物质,应使用专用卫生间,男/女卫生间各自为 $4\sim6m^2$。

（8）报告室。报告室是医生对图像进行阅片、书写检查报告的房间,需要放置图像处理工作站、报告系统工作站、彩色打印机及胶片打印机等,房间面积视工作站的数量、工作人员数量等而定,一般在 $20\sim30m^2$。

一般来说,PET-MR 与 PET-CT 总体流程类似,但扫描检查室既要放射线又要磁封闭,如两大设备放置在同一区域,有的附属用房可共用,如诊室、阅片室等。但其他的附属用房必须自成一系,注意预留面积。PET-MR 同样由扫描检查室、控制室和设备间等构成,控制室面积通常需要 $20\sim30m^2$,扫描检查室是对患者进行扫描成像的房间,面积在 $50\sim60m^2$;PET-MR 的机柜、氦压缩机及专用空调等辅助设备需要放置于单独的设备房间,其面积大于 $30m^2$。

（二）通道及流程

辐射防护是核医学科的布局和分区过程中需考虑的重要问题,因此核医学科的设计、分区、布局上应慎重采取有效措施,将辐射的危害降到最低,保障工作人员和患者的安全。主要是病人注射放射性药物后不能随意走动,需要限制其活动的区域及行进线路。

应科学合理地将核医学科划分为放射性区域和非放射性区域,工作人员通道与注射了放射性药物的患者通道分开,各功能区域的布局符合工作流程,避免相互交叉。患者就医流程:预约/登记—诊室—用药前候诊—用药—用药后等候—在扫描检查室检查—离开;医生与技术员工作流程:工作辅助区—操作室。患者动线实际上分为两条:一条是注射放射性药物前的动线;另一条是注射放射性药物后的动线。注射后的患者动线集中在控制区,有一个入口、一个出口,控制区内的患者要从一端进入,另一端出。控制区指患者用药后候检、检查、观察等的空间。

六、院感要求

核医学科无特殊院感要求。

七、其他要求

（1）核医学科的流线设计遵循从洁净区到放（辐）射污染区的单向原则,而且尽量缩短流线。这样既可以提高效率,改善患者体验,又可以减少辐射防护工程的费用。因为污染区流线越长,需要做辐射防护的区域越大,辐射防护投入越大。

(2)从上述的病人及医护的复杂流线来看,把核医学检查设备设置在地下室是不合适的。有四个难点:一是流程安排难;二是设备下地难;三是防水难;四是大小便的衰变池安置难。

(3)放射性粒子及支架植入是在 CT 或 DSA 引导下进行的,要求按无菌操作的规范进行,对操作时的粒子支架射线防护无特殊要求,粒子及支架植入后病人要有相对的防护,一般在介入病房有 2～3 间放射性防护病房即可。

第六节　心电图室

心电图是传统的医学辅助检查,是所有住院病人及部分门诊病人的基础检查。心电图室是所有医院布局中的标准配置。

一、医疗特点及要求

(一)科室属性

心电图室是医技科室,是医院各临床学科共用的科室。

(二)科室特点

(1)心电图为所有住院病人的必查项目,也是部分门诊病人所需的检查项目,特别是心内科和胸外科,因此心电图室人流量较大。

(2)除常规心电图外,动态心电图、动态血压一般也由心电图室管理。

(三)位置要求

通常既与门诊部、住院部要有便捷的联系,又应与其他医技科室相邻布局,以方便患者完成各种检查。如果医院心电信息系统建设完善,住院病人可在相应住院科室完成心电图检查后传输至心电图室,形成报告后再返回科室,可以减少住院病人的往返。

二、法规、标准、指南及其他

《医学影像诊断中心基本标准(试行)》(国卫医发〔2016〕36 号);

《中国医院建设指南》(第五版)。

三、相关占地大的医疗设备、医疗家具及特殊要求

心电图室应配备心电图仪以及开展诊疗项目所需的电脑、打印机、检查床、桌椅等设备。

四、规模及功能用房

心电图室无相关规模要求，规模根据医院规模及门诊量而定。心电图室的主要功能用房有候检厅、心电图检查室、动态心电图检查室、动态血压检查室、医生报告室和更衣室。

五、平面功能布局

（一）医疗及辅助用房

（1）候检厅。候检厅的设置根据医院规模合理设计，候检厅面积一般在 $30\sim40m^2$。

（2）心电图检查室。面积一般设置在 $14\sim16m^2$，$4\sim6$ 间即可满足检查需求，房间内设置医生工作台、心电图仪、检查床、洗手盆等设施。

（3）动态心电图检查室。房间设置同心电图检查室，面积在 $14m^2$ 左右，设置 $2\sim3$ 间。

（4）动态血压检查室。面积在 $14m^2$ 左右，设置 $2\sim3$ 间。

（5）医生报告室。是医生书写报告的区域，面积在 $14\sim16m^2$，根据医生的数量设置 $1\sim2$ 间。

（6）更衣室。用于医生、护士更衣用，男、女分设，面积分别在 $4m^2$ 左右。

（二）通道及流程

通道及流程无特殊要求。

六、院感要求

心电图室无特殊院感要求。

第七节　脑电图室

脑电图室是与神经内外科相关的医技检查科室,脑电图室常与经颅多普勒超声整合在一起。脑电图室开展的神经电生理学检查包括脑电图、动态脑电图、经颅多普勒超声等。

一、医疗特点及要求

(一)科室属性

脑电图室属于医技科室,主要为神经内、外科服务。

(二)科室特点

(1)脑电图室人流量不大。

(2)为了减少干扰,需要屏蔽电磁的环境,但随着设备的升级,现在大部分脑电图仪不再需要屏蔽电磁。

(三)位置要求

脑电图室应远离高压交流电、负荷电流的电缆或输电线路,远离机械振动,避开环境嘈杂及有人为干扰的地带。可选址在建筑体中低层。

二、法规、标准、指南及其他

《中国医院建设指南》(第五版)。

三、相关占地大的医疗设备、医疗家具及特殊要求

脑电图室应配备脑电图仪以及开展诊疗项目所需的电脑、打印机、检查床、桌椅等。许多医院把经颅多普勒超声仪也放在脑电图室。

四、规模及功能用房

脑电图室无相关规模要求，规模根据医院规模及学科情况而定。脑电图室的主要功能用房有候检厅、脑电图检查室、动态脑电图检查室、经颅多普勒超声检查室、医生报告室等。

五、平面功能布局

（一）医疗及辅助用房

（1）候检厅。脑电图检查量不多，候检厅面积在 $15\sim20m^2$，可与肌电图室合用。

（2）脑电图检查室。面积在 $14\sim16m^2$，以前需要屏蔽电磁，但现在脑电图仪均采用专业接地处理，防止电流干扰，不再需要屏蔽电磁。房间内设置医生工作台、脑电图仪、检查床、洗手盆等设施，根据医院规模设置 $1\sim3$ 间。

（3）动态脑电图检查室。分布同脑电图检查室，面积在 $14m^2$ 左右，$1\sim2$ 间。

（4）经颅多普勒超声检查室。面积一般在 $14m^2$ 左右，设置同普通超声检查诊室，根据医院规模设置 $1\sim3$ 间。

（5）医生报告室。医生报告室是医生书写报告的区域，面积在 $14\sim16m^2$。

（二）通道及流程

通道及流程无特殊要求。

六、院感要求

脑电图室无特殊院感要求。

第八节　肌电图室

肌电图广泛应用于神经内外科、骨科、内分泌科等科室的相关神经、肌肉疾病的诊断，对中枢神经、周围神经、肌肉病变进行定性、定位诊断及鉴别诊断，协助临床医师确定治疗方案和预后评估等。

一、医疗特点及要求

（一）科室属性

肌电图室是医技科室，主要供相关周围神经及肌肉疾病诊断科室使用。

（二）科室特点

肌电图室人流量不大，需保持环境安静，必要时使用隔声设施，如隔声板、重门、双层玻璃窗、橡皮地板、吸声门帘等。

（三）位置要求

肌电图室的位置应与其他医技科室相邻，应远离电动设备、高频电辐射源以及使用大电流的地方，以免引起基线不稳或交流电干扰，远离移动车辆。

二、法规、标准、指南及其他

《中国医院建设指南》（第五版）。

三、相关占地大的医疗设备、医疗家具及特殊要求

肌电图室应配备肌电图仪、诱发电位仪以及开展诊疗项目所需的电脑、打印机、检查床、桌椅等。

四、规模及功能用房

肌电图室无相关规模要求，规模根据医院规模及学科情况而定。功能用房有候检厅、肌电图检查室、诱发电位检查室、医生报告室等。

五、平面功能布局

（一）医疗及辅助用房

（1）候检厅。肌电图检查人数不多，日常需预约，候检厅面积一般在 $15\sim20\mathrm{m}^2$，可与脑电

图室相邻,合并使用候检厅。

(2)肌电图检查室。一般来说,每台设备设置一个检查室,面积在 $14m^2$ 左右。室内设置医生工作台、肌电图仪、检查床、洗手盆等设施。根据医院规模设置 $1\sim3$ 间。

(3)诱发电位检查室。面积在 $14m^2$ 左右,排布同肌电图检查室。

(4)医生报告室。医生报告室是医生书写报告的区域,面积在 $14m^2$ 左右。

(二)通道及流程

通道及流程无特殊要求。

六、院感要求

肌电图室无特殊院感要求。

第 七 章
特殊治疗科室

特殊治疗科室也是医疗核心区的一部分。有的特殊治疗科室有其特殊的治疗人群,如放疗中心、血透中心、腹透中心、康复训练中心等,这些科室应有特定的选址要求。特殊治疗科室有部分全院各临床科室共享的科室,如输血科、内镜中心、静脉用药调配中心等,其中发展快速的当属内镜中心。随着近些年国家重视早癌筛查,特别是消化道内镜中心,病人检查量的增加使得许多医院原有的设计不能满足要求,因此科室预留空间非常重要。特殊治疗科室中有的需严格运行管理及院感防控要求,如输血科、血液透析中心、静脉用药调配中心等。特殊治疗科室的布局要根据医院整体情况合理规划,但在内部具体布局时应借助专业的力量,如放疗中心、静脉用药调配中心等,使其布局更加符合医疗的特殊要求。

第一节　输血科

输血科是医院的一个专业性很强的科室。输血科的建设布局要求相对复杂,技术要求高,流程、院感要求严格。因此,输血科空间合理布局,是输血科进行全面质量管理,更好地发挥输血科在医疗工作中重要作用的基础保障。

一、医疗特点及要求

(一)科室属性

输血科是医疗核心区的一个科室,如果一定要明确分类,应属于临床科室,与外科及急救中心关系更为密切。

(二)科室特点

(1)输血科是医院开展输血相关诊疗活动和提供其他输血相关服务的科室。其主要作用是负责临床用血管理,指导临床输血技术应用,参与临床输血会诊和治疗,开展输血科研与教学工作。

(2)输血科医疗质控对科内的面积、分区、流程等有严格管理要求。

(3)输血科的有序工作与医院急救和输血安全密切相关。

(三)位置要求

输血科需要一个独立区域且具有特殊的位置要求。科室选址应远离医院污染源,要求周边环境洁净、采光良好、空气流通。因是公共科室,应注意交通的便利,倾向于靠近经常用血的科室。最好是邻近手术室、外科、重症医学科以及急诊科等科室,方便标本送检、抢救取血等。

二、法规、标准、指南及其他

《中华人民共和国献血法》;

《医疗机构临床用血管理办法》;

《医院感染管理办法》;

《医疗机构输血科和血库基本要求》(T/CSBT 1—2018);

《中国医院建设指南》(第五版)。

三、相关占地大的医疗设备、医疗家具及特殊要求

输血科有大量相关设备,如贮血专用冰箱[(4±2)℃]、贮血专用低温冰箱(−20℃以下)、标本贮存冰箱、试剂贮存冰箱、血浆融化机、恒温水浴箱、血库专用离心机、血型血清学专用离心机、普通离心机、微量移液器、普通光学显微镜、热合机、采血秤、血小板恒温振荡保存箱、血液运输箱、普通天平、生物安全柜、酶标仪、洗板机、微量振荡器等,有的输血科配备了血细胞分离机、血型鉴定仪、化学发光仪、高速离心机等。医疗家具有柜子、操作平台等。在规划设计时,要充分考虑设备摆放占用的面积、强弱电的分布等,也要考虑设备的维修、运输要求,合理进行设备的平面布局。

四、规模及功能用房

一般年用血量大于 5000U 的三级综合医院、三级专科医院和二级综合医院均应设置独

立的输血科,一级医院根据本单位的实际情况设立贮血室或血库。输血科用房面积必须能满足其任务和功能的需要,特别是符合医院的规模及专科的要求。按照《医疗机构输血科和血库基本要求》,用房面积可根据其年红细胞输注量而定,年红细胞输注量在 2500U 以下,面积应有 50~75m²;年红细胞输注量在 2500~3500U,面积应有 75~100m²;年红细胞输注量在 3500~5000U,面积应有 100~150m²;年红细胞输注量在 5000~10000U,面积应有 150~200m²;年红细胞输注量在 10000~15000U,面积应有 200~250m²;年红细胞输注量 15000U 以上,面积不少于 250m²,每增加 5000U 面积增加 30~50m²。从发展的角度看,该要求偏少,当然也可参照基本床位数及医院用血特点而定。输血科按工作流程分区,设置清洁区、半污染区和污染区,各区域应有明显室间分割。清洁区主要有配血室、储血室和输血治疗室;污染区主要有检验室、医疗废物间、污物污洗间;半污染区主要有试剂耗材库、办公室、更衣室、值班室等,如果医院是承担教学任务的单位,还应配备示教室。

五、平面功能布局

输血科布局如图 7-1 所示。

(一)清洁区

(1)配血室。建议面积不少于 40m²,为方便工作,房屋中间可摆设大型试验台和主要仪器设备。标本处理、分配、加样和一些不需要上机操作的流程,则在墙边工作台进行。

(2)储血室。建议面积一般为 50~80m²,放置校验台、非手动水槽龙头等,配备贮血专用冰箱[(4±2)℃]、贮血专用低温冰箱(-20℃以下)等设备。

(3)输血治疗室。常与自体采血室共用,建议面积不少于 30m²,应有血细胞分离机、急救设施等。

(二)半污染区

(1)试剂耗材库。试剂耗材库面积在 15m² 左右。

(2)办公室。为医务人员办公区域,面积不少于 20m²。

(3)更衣室。更衣室要在靠近清洁区的一侧,面积视输血科规模大小而定,男、女分设,一般各在 3~6m²。

(4)值班室。面积一般在 10~12m²。

(5)示教室。示教室视输血科规模而定,面积在 15m² 左右。

(三)污染区

(1)检验室。建议面积一般为 40~80m²,配备普通冰箱、实验台、微量加样器、微量振荡

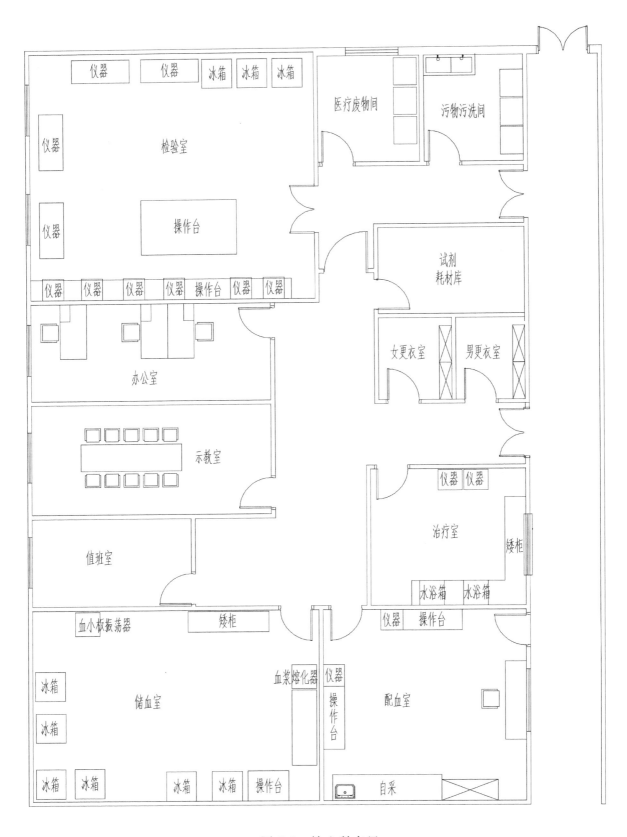

图 7-1　输血科布局

器、分光光度计、浓度比色计、显微镜、水浴箱等；三级医院的输血科还配备血细胞分离机、酶标仪、血液细胞分析仪、温控离心机、微量振荡器、红细胞洗涤机等。

（2）医疗废物间。面积在 6m² 左右。

（3）污物污洗间。面积在 6m² 左右。

（四）通道及流程

做好流程分区，设置清洁区、半污染区和污染区，各区域应有相对室间分割。符合功能流程合理和洁污区域分开的基本要求。

六、院感要求

输血科建筑空间布局的流向相对合理，功能分区符合规范要求，并根据医院院感要求，设置合理的人员流线和物流线。

第二节　放疗中心

恶性肿瘤是严重危害人类生命和健康的常见病和多发病，是导致居民死亡的重大疾病之一。随着放疗设备推陈出新、放疗手段不断精准，放射治疗这种传统的治疗方法也在不断进步。医院放疗中心的设计布局较为复杂，合理的布局和良好的环境是放疗中心高效、安全运行的保障。只有了解和掌握好放疗流程的整体环节，才能设计出安全、高效的放疗用房。

一、医疗特点及要求

（一）科室属性

放疗中心既是医技科室，也是临床科室。疗法通常包括 X 射线及 γ 射线外照射放疗、放射性粒子组织间放疗、γ 射线内照射放疗、质子重离子治疗、中子束治疗等。

（二）科室特点

（1）在恶性肿瘤的众多治疗方法中，放射治疗可在保存脏器的形态和功能的情况下，达到杀死癌细胞的目的，已经成为许多恶性肿瘤治疗必不可少的手段。

（2）医院的医疗能力及特点决定了放疗中心的配置，一般三甲医院的放疗设备主要有后装、直线加速器等，条件好的配置螺旋断层放射治疗系统（TOMO）或射波刀（Cyberknife）等，有的大学附属医院、省级医院配备更先进的质子重离子治疗中心等。

（三）位置要求

（1）放疗中心放射治疗区域具有放射性，对环境射线防护要求很高。放射治疗涉及高能射线，会对周边环境造成一定的放射污染，医院在设计放疗用房时，通常将各治疗机房相对集中布置，一般在医院相对偏僻的独立区域，避免射线辐射对环境的影响。

（2）恶性肿瘤病人往往采用综合治疗的方法，身体比较虚弱，通往放射治疗区的通道要便利及平坦。多次放疗病人往往在门诊放疗，选址方面最好交通便捷，便于停车。

（3）放疗治疗设备的自重大，体积大，加速器重量一般在4吨左右，定位机重量一般也在3吨左右，再加上防护墙体厚重等原因，所以一般放射治疗区设置在地面并自成一个区域。许多医院常常把放疗中心设在医疗大楼地下，但实际上有许多不利之处，如遇暴雨而城市内涝的情况，治疗区域容易进水或潮湿，存在隐患。另外设备安装运输不便，病人进出也不便。

（4）更好条件的医院最好将放疗中心与其他建筑分离，单独设置，可以将机房、门诊等设计在一栋楼里，减少患者的往返奔波，随着老龄化、癌症发病率升高、医疗技术的发展，在建筑布局时应多留直线加速器机房及其他更先进的设备备用机房等。

二、法规、标准、指南及其他

《核医学放射卫生防护要求》（GBZ 120—2020）；
《医用放射性废弃物的卫生防护管理》（GBZ 133—2009）；
《电离辐射防护与辐射源安全基本标准》（GB 18871—2002）；
《电子加速器放射治疗放射防护要求》（GBZ 126—2011）；
《放射治疗放射防护要求》（GBZ 121—2020）；
《医用X射线治疗放射防护要求》（GBZ 131—2017）；
《中国医院建设指南》（第五版）。

三、相关占地大的医疗设备、医疗家具及特殊要求

放疗设备包括放射治疗设备及其辅助设备，放射治疗设备主要包括直线加速器、近距离后装治疗机等，更先进的设备有TOMO、Cyberknife和质子重离子加速器等。直线加速器的放疗辅助设备包括模拟定位机、剂量检测和治疗计划验证设备、治疗计划系统与网络系统、模

具室设备等。其中常用的模拟定位机主要有常规模拟定位机和更专业的 CT 模拟定位机。剂量检测和治疗计划验证设备主要包括工作级剂量仪、三维水箱、人体体模和剂量验证等辅助设备。放疗中心根据病人量和治疗设备的情况配置不同的治疗计划系统与网络系统。模具室设备主要包括热阻丝切割机、X 射线铅模模具、电子线铅模模具等。

四、规模及功能用房

医院放疗中心作为一个发展中的科室,其建设需要整体性的规划,规模及装备则根据医院的规模、专业、未来发展等而定。三级综合医院或肿瘤医院的放疗中心至少需要配置一台直线加速器、一台钴 60 后装治疗机、一台模拟定位机、一套三维计划治疗系统和相关验证设备。直线加速器是放疗中心的基本配置,品牌不同,档次不同,型号也不相同,但机房及外围的配备设施基本相同。医院规模不同,专业侧重不同,直线加速器配备台数也不一样,区域性医疗中心需要布局两台以上的机房。

医院放疗中心应根据医院的具体情况因地制宜地布局,使其在建筑形式、空间规划、医疗功能实用和就医体验上相互协调统一(如图 7-2 所示)。放疗中心应设置的功能用房包括治疗用房和辅助用房。治疗用房有准备室、治疗机房(后装机、直线加速器等)、控制室、设备间、模拟机室、计划室、模具间等;辅助用房有接待室、诊室、候诊区、卫生间、医生办公室、更衣室(医患分设)、污洗间和固体废弃物存放间等。

图 7-2　地下人防工程进入直线加速机房的通道

五、平面功能布局

下面介绍放疗中心的平面功能布局。

(一)医疗及辅助用房

(1)候诊厅。接受放疗的病人候诊的场所,面积在30~40m²。

(2)诊室。诊室是医生同病人交流的场所,病人在诊室了解自己的治疗计划并进行相关治疗咨询,面积在12m²左右,一般配备2间。

(3)更衣室。方便模拟定位或者放疗之前更衣。男、女更衣室面积各在15m²左右。更衣室应靠近治疗室和模拟定位室,在设计时应适当增加面积,以满足无障碍的要求,内部应设衣物柜,方便患者存放衣物。

(4)模拟机室。模拟机室一般设置在放射科,平面布局与CT机房设计无差别。

(5)计划室。需要考虑到病人的个体差异,为病人量身定做独一无二的治疗计划,生成包含常规治疗计划全过程的整体解决方案,面积在15m²左右。

(6)模具室。放疗模具制作及放置的房间,面积在30m²左右。

(7)治疗机房。应有符合加速器要求的使用面积,合理考虑设备布局、辐射防护以及机器安装时的转运。

①直线加速器机房。直线加速器担负每天的患者治疗任务,是放疗中心的核心设备。可根据医院规模和治疗量选配一台或多台加速器。直线加速器治疗机房(不含迷道)使用面积一般不少于60m²,在出入口处应设计防护门和迷道,迷道采用S形的设计,如空间过小,会增加有害射线的折射次数;防护门和迷道的净宽均应满足设备运输安装要求,一般迷道的宽度不少于2m,拐弯处不少于2.1m。治疗机房不能开窗,不能有任何减弱防护能力的开口。但加速器在使用过程中,有可能产生放射性气体(多为臭氧),由于在同等气压下臭氧的密度比空气大,所以排风口设置在距离地面较近的位置,进风口设置在顶部,这样可以有效地将放射性气体排出机房,再通过排风管道外部的过滤系统进行吸收。治疗机房应外配套控制室,面积约20m²,控制室与治疗机房完全断开,凡是可以和治疗机房分离的都尽可能放置在治疗机房以外,有效地分离辅助设备对治疗设备的影响,减少电子干扰,为治疗设备保证良好的使用环境。

②后装机房。后装机房布局设置同直线加速器一致,机房常规面积不宜小于50m²(不包括迷道部分),设置控制室,面积在10m²左右。

③TOMO、Cyberknife等机房。设计基本与直线加速器相同,一般为迷道式布局,治疗面积一般要求为60m²以上,室内吊顶净空高度一般要求不小于3m,控制室在20m²左右(如图7-3所示)。

④质子重离子机房。布局极其复杂,需专业设计,本节不详细讨论。

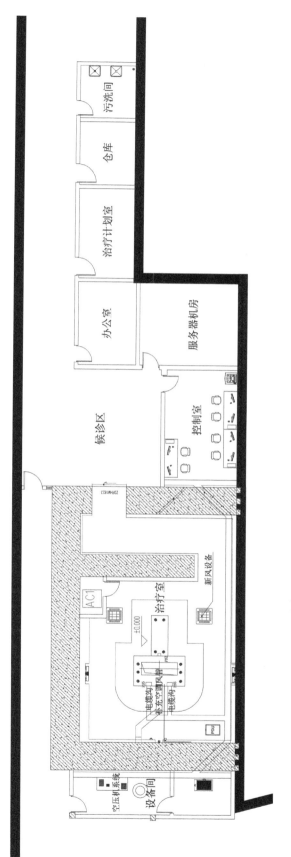

图 7-3 利用山体人防工程建设的 TOMO 机房及辅助用房

（8）辅助用房。辅助用房按照常规功能设置。如宣教室面积在15m² 左右,医生休息室面积在10m² 左右。

（二）通道及流程

患者流程通常为:候诊—更衣—放射治疗。医生工作流程通常为:制订治疗计划—精确计算—治疗机房—控制定位—帮助病人摆位并固定—操作放疗设备。但建筑通道及流线无特殊要求。

六、院感要求

放疗中心无特殊院感要求。

七、其他要求

（一）设备安装设计

由于许多医院将放疗用房设置在建筑体地下室,在设计时需要对这些大设备的运输安装和到使用年限后拆卸进出进行充分规划,保障运输路径通达顺畅。如在地下室,建议医院在放疗中心周围预留好设备吊装口,这个吊装口一般作为永久性的敞开空间,以便设备在若干年后老化更新时进出使用,设备从吊装口直到机房的地下移动路线也要规划好。如有可能,位于大楼地下室的放疗中心最好在相关部位设计一个开敞的下沉广场,利用下沉广场进行设备吊装,下沉广场到机房合理设置大厅、走廊、候诊廊等空间。

（二）防潮、防水设置

放疗中心设置在地下室,会给设备的防潮、防水、通风带来一些不便,特别是在南方的汛期及雨季,应因地制宜地安装抽湿排水系统,机房内特别加装除湿排水管路及机房外专用排水管路。

第三节　内镜中心

随着光学材料及半导体技术的快速发展和临床技术的提升,各种内镜快速发展,应用范围日益广泛。目前临床使用的内镜主要有胃镜、肠镜、十二指肠镜、喉镜、气管镜、膀胱镜、阴道镜、宫腔镜等。每家医院对内镜中心的布局和建设都非常重视,由于规模的扩大,对内镜诊疗环境、内镜洗消及存储、内镜中心病人转运等提出了更高的要求。内镜中心的布局应遵循符合所在单位的实际、符合院感要求、方便患者检查治疗等原则。

一、医疗特点及要求

(一)科室属性

内镜中心利用内镜伸入人体空腔器官对其内部腔体进行检查和治疗。一般来说,胃镜、十二指肠镜、肠镜、气管镜属于内科;喉镜属于耳鼻咽喉科;膀胱镜属于泌尿外科;阴道镜、宫腔镜、输卵管镜属于妇科;胸腔镜属于胸外科;腹腔镜、胆道镜属于腹部外科;脑室镜属于脑外科;关节镜属于骨科。外科系统的内镜检查或治疗一般都在外科手术室或在特定的诊室里施行,且有硬镜和软镜之分。

(二)科室特点

(1)内镜中心工作量大,内镜使用周转快,院感风险大,内镜中心在布局设计上要充分考虑院感管控的要求。

(2)医院各类内镜各有相关专业的严格要求,有的医院把多种内镜集中在一起组成一个大的内镜中心,这从院感及流程来看是不妥的。如支气管镜室在诊疗过程中存在结核病传播风险,候诊区、检查室和清洗消毒区应独立成区。

(三)位置要求

(1)根据医院运行的特点,内镜中心需同时满足门诊和住院患者的检查治疗,由于服务群体更多的是门诊患者,因此选址一般宜在门诊或离门诊较近的地方,自成一区。

(2)胃肠镜检查患者较多,且大多空腹或前一天进行了肠道准备,身体较为虚弱,建议将内镜中心设置在建筑体低层,楼层不应太高,这样可避免患者长时间等待电梯,同时减少垂直交通的压力。内镜检查过后可能需要进行一些治疗或使用一些药物,如距药房近,可方便患者。

二、法规、标准、指南及其他

《医院感染管理办法》;

《综合医院建设标准》(建标 110—2021);

《综合医院建筑设计规范》(GB 51039—2014);

《软式内镜清洗消毒技术规范》(WS 507—2016);

《医院消毒卫生标准》(GB 15982—2012);

《中国医院建设指南》(第五版)。

三、相关占地大的医疗设备、医疗家具及特殊要求

主要设备有内镜主机及附件、吊塔、内镜清洗槽、内镜清洗机、消毒灭菌设备、办公桌(电脑桌)、转运车、储镜柜等。

四、规模及功能用房

医院消化内镜中心总体规模是根据医院规模、专科强弱及内镜中心每年的诊疗患者数而定的,但需考虑内镜检查量的逐步增加,应尽量预留一定的扩展空间。其他内镜中心的面积要根据该学科发展考虑设置检查室的数量。一般医院独立成区的内镜中心有消化内镜、膀胱镜、支气管镜、阴道镜和宫腔镜。阴道镜和宫腔镜一般设在妇产科门诊手术区内,而喉镜一般设在门诊耳鼻咽喉诊区内。消化内镜中心需设置候诊厅、导医台、检查室、复苏室、内镜清洗消毒室、内镜存储室、男/女更衣室、库房、医护休息室、示教室、办公室、污物污洗间、卫生间等用房(如图7-4所示)。

五、平面功能布局

下面主要介绍消化内镜中心、支气管镜室、膀胱镜室的平面功能布局。

(一)消化内镜中心

消化内镜中心主要承担胃镜、肠镜、十二指肠镜、超声内镜等检查,是医院规模最大的内镜中心。

(1)候诊厅。用于患者的候诊与休息,包括预约登记、等候休息和报告发放,面积大小依候诊时间和人数确定,还要考虑轮椅、平车所占位置和陪同家属等待时间相对较长,候诊厅应尽可能宽敞舒适、通风良好。面积应在50m² 以上。

(2)检查室。检查室的位置设计应便于内镜运送。如面积许可,应采用前后通道设计,前通道为医护及病人通道,后通道主要是内镜转运清洗通道。

①胃镜室。面积20~25m²,一般摆放内镜检查床、内镜主机、物品存放柜和医生办公桌,内镜检查床和主机应位于房间同侧,墙面设计摆放耗材的柜子、氧气端口和墙式负压吸引装

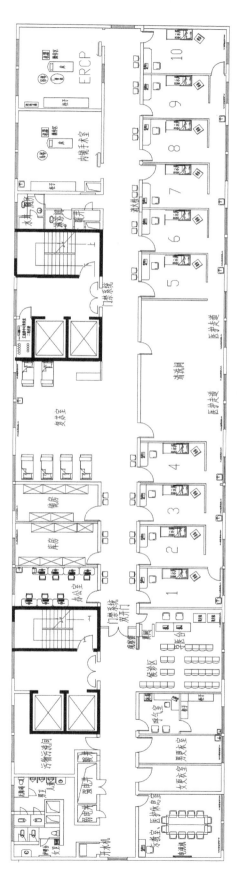

图 7-4　消化内镜中心

置。医生办公桌位于房间另一侧,配备工作用的计算机和打印机等。现许多医院开始使用塔吊,位置摆放要求更高,检查室面积也要相应增大。胃镜检查室间数根据内镜中心规模而定。

②肠镜室。肠镜室的设计与胃镜室相似,一般通用。

③经内镜逆行胆胰管成像(ERCP)室。ERCP 室是通过十二指肠镜治疗胆道结石的,面积在 40m² 左右。由于有中型移动 C 臂 X 射线机,面积应偏大,需进行 X 射线防护,间数根据专科能力及病人数而定。

(3)复苏室。经麻醉的无痛胃肠检查患者大多需一定时间的复苏,需在内镜中心设置专门的复苏室。复苏室可以是一个相对开放的区域,一般设有床位 6～8 张,面积 30～50m²。每个床头配有氧气端口、墙式负压吸引装置、心电监护仪、抢救设备及呼吸机等,床之间用可移动的帘布保护患者隐私。

(4)内镜清洗消毒室。消化内镜及其配件是反复使用的设备,为了满足内镜中心器械清洗消毒的需要,应设独立、宽敞的内镜清洗消毒室。内镜自动清洗消毒机应符合《内镜自动清洗消毒机卫生要求》(GB 30689—2014)、《软式内镜清洗消毒技术规范》(WS 507—2016)的规定。内镜清洗消毒室面积根据每日的检查量及未来可能的检查量而定,一般需 50～200m²。

(5)镜库。对于较大的内镜中心,内镜数量较多,使用专门的镜库对内镜进行统一管理是必要的,有利于内镜的清点、保养和管理,面积在 30m² 左右。

(6)库房。面积在 20m² 左右。

(7)示教室。示教室的面积一般在 20～30m²,配备专门的投影设备和转播设备,供会议及教学使用。

(8)卫生间。卫生间男、女分设,面积分别在 8～10m²。

(9)医护休息室。面积一般不少于 12m²。

(10)主任、护士长办公室。面积各在 10m² 左右。

(11)污物污洗间。存放污物及清洗污物的地方,面积不少于 12m²。

(二)支气管镜室

考虑支气管镜在诊疗过程中可能存在结核病传播风险,候诊区、诊疗室和清洗消毒区应独立成区。功能用房有开展内镜诊疗技术相关的术前准备室、检查室、麻醉复苏室、清洗消毒室等相关场所和设备。

(1)术前准备室。应有专用的呼吸内镜术前准备室,使用面积不小于 15m²,配有吸氧装置。

(2)检查室。每个检查室的面积在 20～25m²,保证内镜操作者及助手有充分的操作空间,间数由医院规模及专科能力而定。

(3)复苏室。复苏室面积在 20m² 左右,配置必要的吸氧设备、负压吸引装置、监护设备、呼吸机、抢救设备等,有的医院检查人数不多,可在检查室内复苏。

（4）清洗消毒室。支气管镜清洗消毒室和消化内镜中心一样，应配备符合内镜清洗消毒规范［参见《软式内镜清洗消毒技术规范》（WS 507—2016）］要求的清洗消毒设备设施。必须有良好的通风换气条件，一般在 15～20m²。

（三）膀胱镜室

膀胱镜室可独立设计，也可整合到门诊小手术室，一般规模不大，应有候诊厅、检查室，检查室面积在 20～25m²，清洗消毒一般在医院消毒供应中心进行。

（四）通道及流程

内镜的转运分为污染和清洁通道，污染内镜由污染通道转运至清洗消毒室。

六、院感要求

内镜清洗消毒室应配备排风装置、空气消毒设备，内镜清洗消毒必须严格按照《软式内镜清洗消毒技术规范》进行，在空间布局上需要有足够的面积。

第四节　血液透析中心

随着生活水平的改善、生活方式的改变、寿命的延长，糖尿病、高血压、高血脂、高尿酸等疾病发病率快速上升，导致继发于上述疾病的慢性肾病发病率日渐升高，血液透析患者逐年增多。血液透析中心是利用血液净化的方式，对相关疾病引起慢性肾功能衰竭或急性肾功能衰竭的患者进行肾脏功能替代治疗的场所。医院血液透析中心的规划设计涉及整体布局、流程、水处理、院感、特殊感染病人隔离透析等，布局合理的血液透析中心需考虑许多专业要求。

一、医疗特点及要求

（一）科室属性

医院血液透析中心属于临床科室，提供延长肾功能衰竭患者生命的主要治疗措施，其治疗病人涉及许多临床科室。

（二）科室特点

（1）由于肾移植的肾源有限，血液透析是各种晚期慢性肾功能不全的主要替代方法，也是急性肾衰的主要治疗手段。

（2）血液透析中心分区要求严格。

（3）布局不合理，管理不严格将会导致严重的院感发生。

（4）除直接透析区外，辅助区合理安排也非常重要，特别要强调血液透析管控的严格性。

（三）位置要求

血液透析中心作为一个独立的科室，其功能较为单一，综合性医院在规划选址时应当考虑血液透析中心与其他科室的关系。小型医院由于血液透析的病人主要由肾内科的患者构成，所以血液透析中心也可设置在肾内科病房附近，有利于病情严重病人的观察抢救。大型医院血液透析中心则需要设置在一个或多个独立的区域。

二、法规、标准、指南及其他

《医院感染管理办法》；

《综合医院建设标准》（建标 110—2021）；

《综合医院建筑设计规范》（GB 51039—2014）；

《医疗机构血液透析室管理规范》（卫医政发〔2010〕35 号）；

《血液净化标准操作规程（2021 版）》（国卫办医函〔2021〕552 号）；

《医疗机构血液透析室基本标准（试行）》（卫医政发〔2010〕32 号）；

《三级综合医院评审标准（2022 年版）》（国卫医政发〔2022〕31 号）；

《医院消毒卫生标准》（GB 15982—2012）；

《中国医院建设指南》（第五版）。

三、相关占地大的医疗设备、医疗家具及特殊要求

主要设备有电子体重秤、吸氧设备、负压吸引装置、水处理系统、数量不等的血液透析机、空气消毒装置、抢救车、治疗车、护理车、心电监护仪、除颤仪等。

四、规模及功能用房

血液透析中心无具体面积相关规定，二级以上医疗机构如要开展血液透析，至少配备 10

台以上血液透析机,总面积控制在600m²左右,可根据地域、人口密度和服务人群的需求等实际情况,合理配置透析机数量,根据《血液净化标准操作规程(2021版)》,必须含有1台以上用于急诊病人的血液透析机。血液透析中心分为三区三通道,三区指接诊区、治疗区、医疗辅助区;三通道指工作人员通道、患者通道、物品通道。明确区分清洁区、半污染区、污染区,各区相对独立。洁净度要求相同的空间集中布置,各个空间的清洁区、半污染区与污染区用门或缓冲区隔离,严格按照由"洁"到"污"的流线顺序,以减少彼此之间可能的污染和感染,有效控制院感的发生。

清洁区包含医护办公室、示教室、医护更衣室、干库、湿库、配液供液间、水处理间、资料室、仓库以及耗材库;半污染区包含等候区,接诊区,男、女患者更衣室,透析准备室(治疗室);污染区包含透析治疗厅、特殊感染病人血液透析治疗区、护士站、污物污洗间(如图7-5所示)。

五、平面功能布局

(一)清洁区

(1)医护办公室。根据医务人员的数量配备办公桌、电脑、资料柜等办公用品。有条件的可分设主任办公室、护士长办公室等。一般医护办公室面积在20m²左右。

(2)示教室。示教室面积在20m²左右。

(3)医护更衣室。医护更衣室要在靠近清洁区一侧的医护通道入口处。面积视血液透析中心规模大小而定。

(4)干、湿库。仓库分为干库和湿库,干库存放透析器、管路、穿刺针等耗材,湿库存放透析液。干、湿库各自面积在20m²左右,湿库需承重大。

(5)配液供液间。配液供液间是准备透析使用液体的房间,配置搅拌器、操作台等。配液供液间应当设置于水处理间附近。面积在15~20m²。

(6)水处理间。水处理间把水净化为纯净水或进行软化水处理。水处理间面积应为水处理机占地面积的1.5倍以上。地面承重应符合设备要求。地面应进行防水处理并设置地漏,要有良好的隔声和通风条件。水处理机应避免日光直射,放置处应有地水槽或排水管道,防止水外漏。面积在40~50m²。

(7)资料室。资料室配有病历柜,面积一般在15m²左右。

(8)仓库。一般用于存放床单等常用物品,面积在15m²左右。

(9)耗材库。设置耗材库,面积在15m²左右。

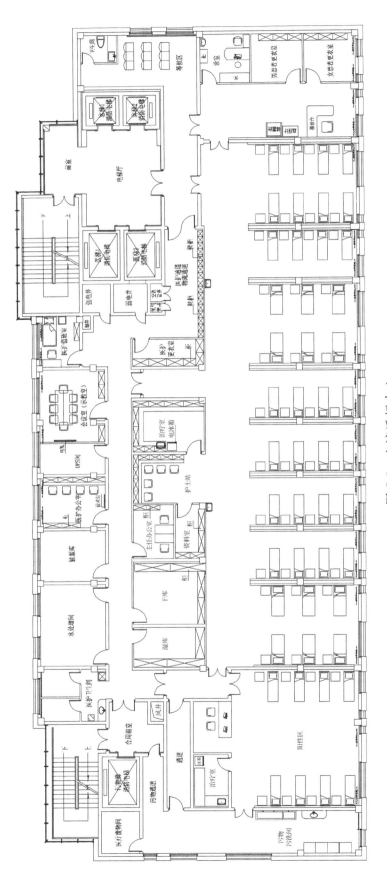

图 7-5 血液透析中心

(二)半污染区

(1)等候区。患者来医院进行透析治疗,部分有家属陪同,可在血液透析中心门口处为患者及家属提供休息场所。等候区总体面积大小可根据血液透析中心的实际患者数量决定,一般在 30～50m²,以不拥挤和舒适为宜。

(2)接诊区。接诊区的空间布局设计可参照内科候诊区域模式,在血液透析中心患者入口处设置接诊台,主要完成登记、称体重、测血压和脉搏等工作,由医务人员确定病人本次透析方案,开具药品处方、化验单并进行预约等。

(3)男、女患者更衣室。设置椅子(沙发)和更衣柜,患者更换血液透析室为其准备的拖鞋等后方能进入透析治疗间。男、女患者更衣室面积分别在 15m² 左右。

(4)透析准备室(治疗室)。透析准备室为治疗操作、准备配药用房,室内应配有治疗台、冰箱、器械柜等。透析准备室设置在医护人员进入透析区域入口处,面积一般在 20m² 左右。

(三)污染区

(1)透析治疗厅(阴性区域)。大型透析治疗厅(如图 7-6 所示)由多个透析治疗区域构成,每个治疗区域设置 8～12 张床位,并设置一个小型护士工作站。一台透析机与一张床位

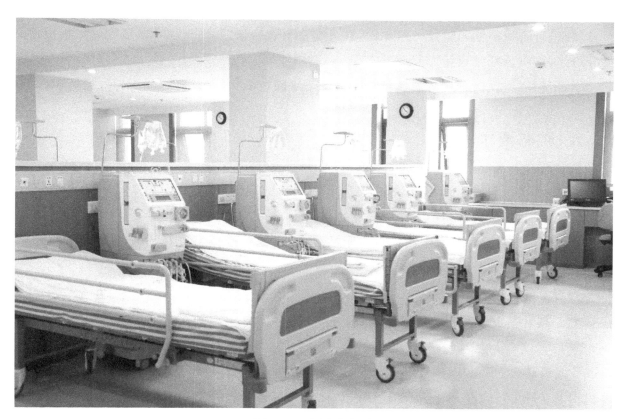

图 7-6　透析治疗厅

为一个透析单元。透析单元间床距不能小于 0.8m，实际占用面积不小于 3.2m²。每一个透析单元应当有电源插座组、反渗水供给接口、废透析液排水接口、供氧装置、中心负压接口或移动负压抽吸装置。根据环境条件，应配备网络接口、耳机或呼叫系统等。血液透析中心配备 UPS 并应具备双路电力供应，UPS 间面积在 20m² 左右。

（2）特殊感染病人血液透析治疗区（阳性区域）。特殊感染病人血液透析治疗区应达到《医院消毒卫生标准》（GB 15982—2012）中规定的 Ⅲ 类环境，用于乙肝、丙肝、HIV 等病人的血透。根据特殊感染病人的数量设置透析单元，一般为普通血透单元的 1/6～1/4，布局要求同阴性透析区，但严格区域划分及流程管理，包括人流及污物流。

（3）护士站。护士站设在透析区便于观察和处理病情的地方，备有治疗车、抢救车等。

（4）污物污洗间。污物污洗间的面积在 15m² 左右。

（四）通道及流程

血液透析中心流线要求严格，为避免交叉感染，需设计成一个分区合理的独立医疗单元。血液透析中心应设置专用通道分离不同的人流、物流，做到医患分流，洁污分流，最大限度地降低交叉感染或院内感染的风险。

（1）医护流线。通过医护专用通道入口进入更衣室更衣，更衣后再进入洁净区域各个办公房间或其他用房，进入透析区域工作，工作结束后沿原路返回更衣室。

（2）患者流线。在入口处等候预约，在更衣室更衣换鞋，之后由患者通道进入透析治疗区进行治疗，透析治疗结束后返回更衣室。

（3）污物流线。污物从血液透析治疗室各个房间进入污物污洗间，从污梯外送处理。

六、院感要求

（1）血液透析中心应当达到《医院消毒卫生标准》（GB 15982—2012）中规定的 Ⅲ 类环境，利用空气消毒装置保持空气洁净。

（2）乙肝、丙肝、HIV 等患者必须在阳性区透析，医护操作流程必须按相关规定进行，污物（透析器）处理严格按规定进行。

七、其他要求

各血液透析中心的床位数都应预留空间，水处理能力也需留有增加透析机的潜力。新建医院的水处理可以全院集中，但老院区改造往往各自独立。

第五节　腹膜透析中心

与血液透析一样,腹膜透析也是终末期肾脏病患者肾脏替代治疗可选择的有效方式之一,原理是利用人体腹膜作为半透膜,以腹腔作为交换空间,通过弥散和渗透作用,清除体内过多水分、代谢产物和毒素,达到血液净化、替代肾脏功能的治疗目的。腹膜透析尽管是比较传统的治疗手段,但相比血液透析,有其独特的治疗优势。根据病人的状况选择合适的透析方式越来越受到重视,因此腹膜透析中心的设计布局也相当重要。

一、医疗特点及要求

(一)科室属性

腹膜透析中心一般由肾内科分管,是医院开展腹膜透析患者宣教、指导及操作的场所,主要负责患者的宣教和培训、腹膜透析导管置入、腹膜透析治疗以及腹膜透析患者的随访。

(二)科室特点

(1)腹膜透析中心布局需功能分区明确,院感控制要求严格。

(2)大部分腹膜透析患者可以在严格培训后自我操作,居家透析,腹膜透析中心更多的职能是培训、宣教和随访。

(三)位置要求

腹膜透析中心需要同时满足门诊和住院患者的使用,但由于服务群体大多是门诊患者,因此选址一般宜在门诊或离门诊较近的地方,自成一区。

二、法规、标准、指南及其他

《医院感染管理办法》;

《医院消毒卫生标准》(GB 15982—2012);

《腹膜透析标准操作规程》(卫办医政函〔2011〕405号);

《中国医院建设指南》(第五版)。

三、相关占地大的医疗设备、医疗家具及特殊要求

主要设备有空气消毒装置、抢救车、治疗车、护理车、心电监护仪、除颤仪、体重秤等,根据需求设置1~2台腹膜透析机。

四、规模及功能用房

腹膜透析中心无相关规模要求,一般占地不大,可根据医院规模及功能定位设置。但开展腹膜透析的医疗机构必须具备体液细胞计数、微生物检测和培养、X射线片等基本检验与辅助检查条件。

腹膜透析中心一般用房有接诊室、培训室、操作治疗室、储藏室、污物污洗间等(如图 7-7 所示)。

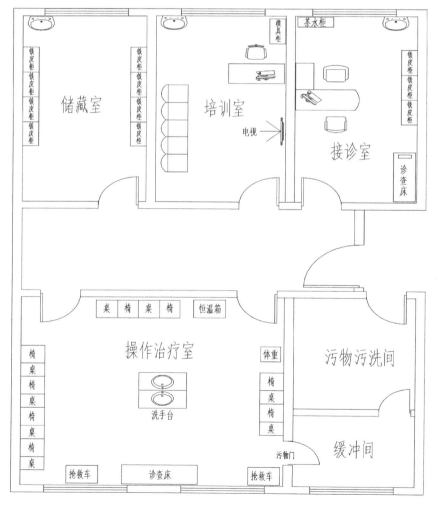

图 7-7　腹膜透析中心

五、平面功能布局

（一）医疗及辅助用房

（1）办公室。医护人员处理日常医疗文书,登记和上报各种腹膜透析相关数据,讨论医疗问题的区域,面积在 10～15m² ,常与接诊室合并。

（2）接诊室。接诊室为接待患者或定期随访者的房间,用于为患者确定或调整腹膜透析处方,开具药品处方和化验单等,面积在 10～15m² 。为了节约空间,办公室和接诊室常合并。

（3）培训室。培训室为患者接受培训和健康知识宣传教育的区域。配备电视机或电脑等多媒体设施以及宣教挂图、教具等培训工具。面积在 20～25m² 。

（4）操作治疗室。操作治疗室是用于腹膜透析患者换液、样本采集以及创口护理的区域,面积在 20～40m² 。

（5）手术室。患者实施腹膜透析置管、拔管等特殊操作时一般在医院常规手术室或中心专用手术室进行,而不在腹膜透析中心单独设置。规模较大的腹膜透析中心可单独设立手术室,遵循医院常规手术室设立要求并严格管理,面积在 30～35m² 。

（6）储藏室。储藏室面积在 15～20m² ,用于存放腹膜透析液及消耗品。

（7）污物污洗间。用于处理废弃透析液等,面积在 10m² 左右。

（二）通道及流程

有简单的流程要求,特别是废弃透析液的流向。

六、院感要求

腹膜透析中心各区域功能要明确,符合医院感染控制标准。其中操作治疗室应当达到《医院消毒卫生标准》(GB 15982—2012)中规定的Ⅲ类环境要求,保持安静,光线充足。

第六节　康复训练中心

康复医学是应用各种医学和相关物理手段,对在许多疾病的康复阶段的患者进行身体运动功能、心理、教育和回归社会等方面的训练,使患者的生理、心理功能得到最大限度改善、代偿或替代,并使患者最大限度地回归社会。无论是康复医院,还是综合医院康复训练中心或康复科,其基本组成主要包括门诊、病房、功能训练中心,本节主要讨论功能训练中心的布局。

一、医疗特点及要求

(一)科室属性

康复训练中心是医疗后续治疗科室,属于临床科室,用于内外科相关疾病患者康复训练治疗。

(二)科室特点

(1)康复训练中心的对象是相关疾病恢复期早、中、晚期的患者。

(2)康复对象目前逐步扩大到许多相关疾病的恢复阶段,但传统的神经及运动系统功能障碍患者还是主要对象。

(3)现代康复除运动障碍的康复外,还涉及心理、活动管理、饮食指导等多方面内容。

(三)位置要求

康复训练中心应自成一区,设置单独出入口,并应设在医院环境安静、交通方便处,应邻近康复科病房,与门诊部、停车场有便捷的联系。

二、法规、标准、指南及其他

《综合医院康复医学科基本标准(试行)》(卫医政发〔2011〕47 号);

《综合医院康复医学科建设与管理指南》(卫医政发〔2011〕31 号);

《中国医院建设指南》(第五版)。

三、相关占地大的医疗设备、医疗家具及特殊要求

根据《综合医院康复医学科基本标准(试行)》,三级医院康复科功能训练中心的设备主要包括功能评定实验检测设备和康复治疗专业设备。

(一)功能评定实验检测设备

主要设备有运动心肺功能评定设备(常与心脏康复合用)、肌电图与临床神经电生理学检查设备、肌力与关节活动评定设备、平衡功能评定设备、认知语言评定设备、作业评定设备等。

(二)康复治疗专业设备

(1)运动治疗。主要有训练用垫、肋木、姿势矫正镜、平行杠、楔形板、轮椅、训练用棍、沙袋、哑铃、墙拉力器、划船器、手指训练器、肌力训练设备、肩及前臂旋转训练器、滑轮吊环、电动起立床、治疗床及悬挂装置、功率车、踏步器、助行器、连续性关节被动训练器(CPM)、训练用阶梯、训练用球、平衡训练设备、运动控制能力训练设备、功能性电刺激设备、生物反馈训练设备、减重步行训练架及专用运动平板、儿童运动训练器材等。

(2)物理因子治疗。主要有直流电疗设备、低频电疗设备、中频电疗设备、高频电疗设备、光疗设备、超声波治疗设备、磁治疗设备、传导热治疗设备、冷疗设备、牵引治疗设备、气压循环治疗设备等。

(3)作业治疗。主要有日常生活活动作业设备、手功能作业训练设备、模拟职业作业设备等。

(4)言语、吞咽、认知治疗。主要有言语治疗设备、吞咽治疗设备、认知训练设备、非言语交流治疗设备等。

(5)传统康复治疗。主要有针灸、推拿、中药熏(洗)蒸等中医康复设备。

(6)康复支具制作。主要有临床常用矫形器、辅助具制作设备。

(7)心脏康复。主要有卧式踏车、运动平板、心肺运动仪、心脏康复训练器具等。

四、规模及功能用房

康复训练中心规模应根据医院规模、等级、病床及门诊量而定。根据《综合医院康复医学科建设与管理指南》《综合医院康复医学科基本标准(试行)》要求,一般三级综合医院康复训练中心总使用面积不少于 $1000m^2$,二级综合医院总使用面积不少于 $500m^2$。主要分为三个区域:一是功能评定测试区;二是功能训练区;三是心脏康复区。康复训练中心的主要功能用房有运动治疗区、作业治疗区、言语治疗区、理疗区、传统康复治疗区、康复工程(支具制作)室、职业康复治疗室、心理治疗室以及其他辅助用房,各功能区及用房的大小取决于康复训练中心的能力及专业特色(如图 7-8～7-11 所示)。

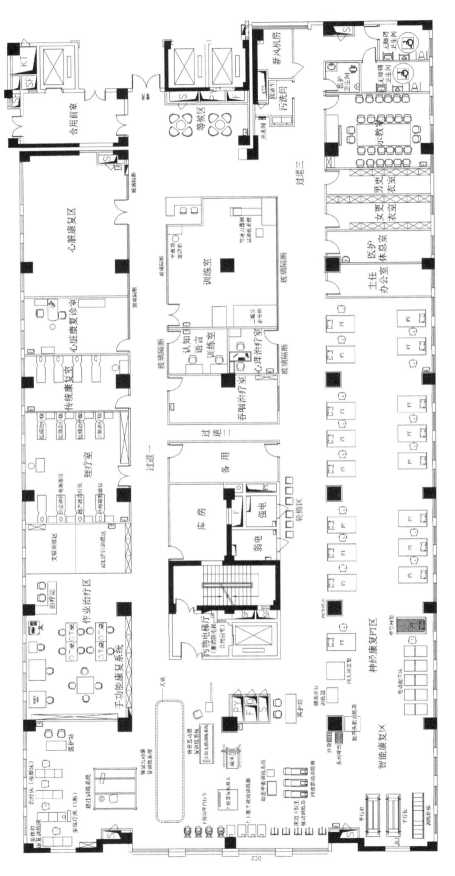

图 7-8　康复训练中心

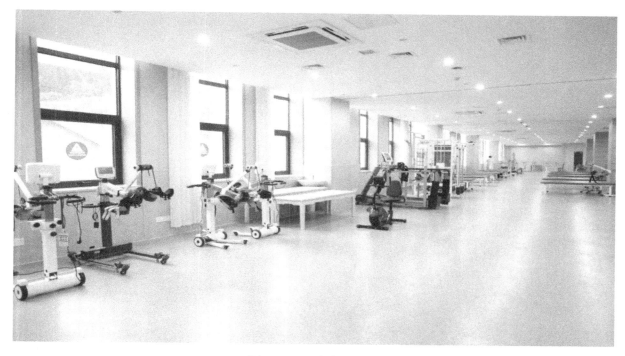

图 7-9　运动康复区 1

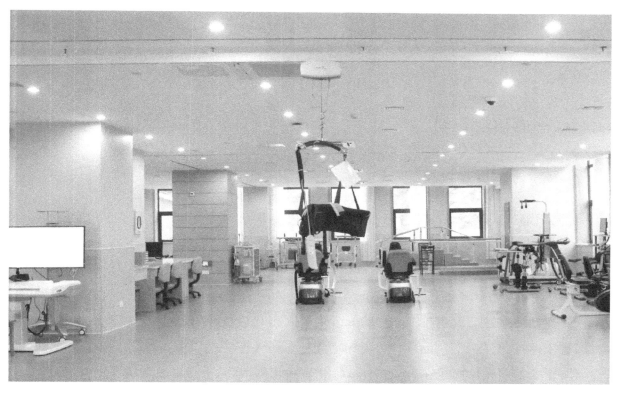

图 7-10　运动康复区 2

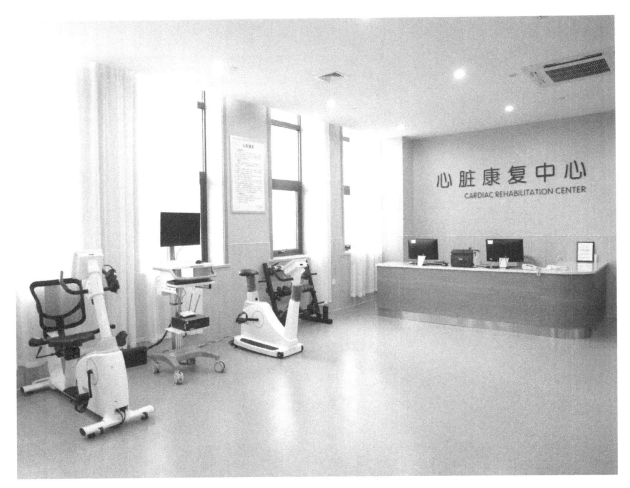

图 7-11　心脏康复中心

五、平面功能布局

(一)功能评定测试区

功能评定测试区开展康复功能的检测与评估,面积在 $50\sim80m^2$,分为多个功能房间。

(二)功能训练区

功能训练区的用房如下。

(1)运动治疗区。面积在 $150\sim200m^2$,主要利用相应技术、设施和器械开展主被动运动疗法、矫正体操、牵伸及牵引治疗、平衡训练及步态训练等。

(2)作业治疗区。面积在 $150\sim200m^2$,开展感知觉训练、手与上肢训练、手与上肢畸形矫正、辅助器具使用指导、工艺疗法、日常生活活动训练、轮椅使用训练等。促进日常作业操作能力受到限制的患者(身体或精神障碍者)应用动作能力和社会适应能力的恢复。

（3）言语治疗区。面积在 $30m^2$，对听觉障碍所造成的言语障碍、构音器官异常、脑血管意外或颅脑外伤所致的失语症、口吃等进行治疗，以尽可能恢复其听、说、理解能力。吞咽训练治疗近年来得到越来越多的重视，目前暂时归类在言语治疗的范畴。

（4）理疗区。面积在 $100\sim150m^2$，主要包括低频电疗法、中频电疗法、高频电疗法、生物反馈治疗、激光疗法、超声波疗法、磁振热疗法、压力波治疗、蜡疗、上下肢关节康复器、颈腰椎牵引等。

（5）传统康复治疗区。面积共 $60\sim100m^2$，开展针灸、拔罐、中药熏蒸治疗、中药湿热敷治疗等传统康复治疗，分别在不同的功能房间完成。

（6）康复工程（支具制作）室。面积在 $20m^2$ 左右，应用矫形器和辅助具，以弥补残疾者生活能力的不足，包括假肢、矫形器、助听器、导盲杖等特殊用具及轮椅等。

（7）职业康复治疗室。在常规康复治疗的基础上，进行就业指导等主题训练，让患者能回归工作，面积在 $20m^2$ 左右。

（8）心理治疗室。面积在 $20m^2$ 左右，对认知、心理、精神、情绪和行为有异常的患者进行个别或集体的心理治疗。心理治疗在各种疾病或功能障碍的康复治疗时都需要介入，是涉及面广的康复治疗措施。

（9）示教室。面积一般在 $25m^2$ 左右，具有召开会议、进行报告、学生示教、患者示教等用途。

（10）工作人员更衣室。分设男、女更衣室。面积根据工作人员数而定，一般各在 $8\sim12m^2$。

（11）耗材仓库。放置常规医用耗材，面积在 $15m^2$ 左右。

（12）洗涤间和污洗间。洗涤间主要洗涤和消毒各种训练小器具，一般设置在人员流动少的病区一端，面积在 $10m^2$ 左右；污洗间面积在 $8m^2$ 左右。

（13）卫生间。分设无障碍男、女卫生间，配备相关无障碍设施，面积分别在 $10m^2$ 左右。

（三）心脏康复区

心脏康复区面积在 $150\sim200m^2$，分为心脏康复诊室、心肺功能评定及训练室。心脏康复的重点是心肺功能评定，并根据各类心脏病患者的心功能状况、心脏运动当量状况制订康复计划，主要包括运动处方、心理指导、用药指导及饮食指导等。

（三）通道及流程

通道及流程无特殊要求。

六、院感要求

康复训练中心无特殊院感要求。

第七节　高压氧治疗中心

高压氧疗法是将病人置于高压氧的环境中（高压氧舱内）吸氧以治疗疾病的方法。随着高压氧医学的发展，高压氧治疗的适用范围越来越广泛，高压氧的临床应用已涉及内、外、妇、儿、传染、五官、皮肤等许多临床学科，对许多疾病都有显著疗效。高压氧舱位设置数量要符合本单位实际情况，选址要顾及门诊及住院患者的便利和安全要求。

一、医疗特点及要求

（一）科室属性

高压氧治疗中心属于临床科室，大多进行疾病的后续治疗，用于内外科等相关疾病的氧疗。但也包括许多急诊的特效救治，如减压病、一氧化碳中毒等的抢救。

（二）科室特点

（1）高压氧治疗中心属于医院的公共科室，涉及多科疾病治疗。

（2）根据《医用高压氧舱安全管理与应用规范》，高压氧的临床适应证分为Ⅰ类适应证和Ⅱ类适应证。

①Ⅰ类适应证为依据现有临床证据，认为实施高压氧治疗具有医学必要性。如气泡导致的疾病（减压病、气栓症）、中毒（急性一氧化碳中毒、氰化物中毒）、急性缺血状态（危兆皮瓣、骨筋膜间室综合征、挤压伤、断肢术后血运障碍、不能用输血解决的失血性休克）、放射性组织损伤、创面、其他方面（突发性耳聋、视网膜中央动脉阻塞、脑外伤、声损性或噪声性耳聋、急性中心性视网膜脉络膜炎、急性眼底供血障碍）等。

②Ⅱ类适应证为依据现有临床证据，认为高压氧治疗是否显著优于传统疗法仍存在一定争议。但是高压氧治疗本身不会对疾病带来不利影响，如禁止高压氧治疗，会使患者丧失从高压氧治疗中获益的可能。因此，对于Ⅱ类适应证，还是建议积极实施高压氧治疗。如缺氧性脑损害、急慢性脑供血不足的神经系统疾病，急性冠脉综合征、心肌梗死、心源性休克等的心脏疾病，直肠阴道瘘、外科创面开裂等的创面损伤等。

（3）选址及内部布局有严格要求。

（4）高压氧舱运行有严格流程和安全管理规范。

（三）位置要求

按照《综合医院建筑设计规范》（GB 51039—2014）的要求，结合医院的实际情况，高压氧治疗中心应邻近病房楼，但不能远离门诊；邻近液氧罐，但距离必须保持在 20m 以上；远离污染源和危化品，周边留有足够的绿化空间，保证空气压缩机的取气口附近的空气质量良好。

二、法规、标准、指南及其他

《医院感染管理办法》；

《综合医院建筑设计规范》（GB 51039—2014）；

《氧舱》（GB/T 12130—2020）；

《医用高压氧舱安全管理与应用规范》；

《中国医院建设指南》（第五版）。

三、相关占地大的医疗设备、医疗家具及特殊要求

占地较大的医疗设备包括高压氧舱舱体及配套舱体控制台、螺杆式空压机、冷干机、空气储罐、消防气压水罐等。

四、规模及功能用房

高压氧治疗中心的规模无相关规定，主要由医院的规模及专业而定。建筑面积主要由氧舱大小及配套房间决定，建筑层高及平面布置应满足氧舱设备的要求。平面布局主要包括氧舱大厅、设备间、办公辅助区。氧舱大厅主要包括氧舱、控制台；设备间包括空压机房、储气罐房等；办公辅助区根据实际情况，由候诊厅、安检区、诊室、抢救室、医护办公室、更衣室、库房、卫生间、污物污洗间等组成（如图 7-12 所示）。

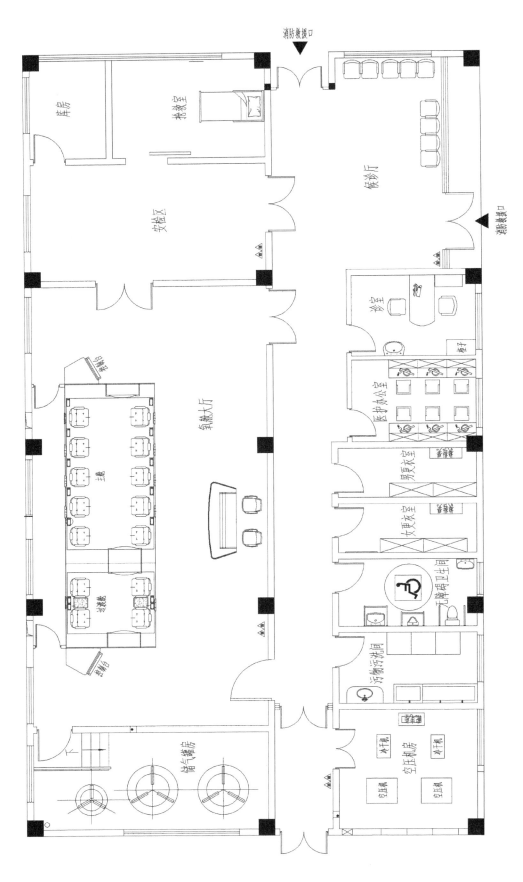

图 7-12 高压氧治疗中心

五、平面功能布局

(一)医疗及辅助用房

(1)候诊厅。到高压氧治疗中心治疗的患者每天都是按计划预约的,患者数量不会突然增多,但往往转运车及轮椅较多,因此候诊厅面积不宜过小,医院可根据治疗量合理设置,一般在 30～50m²。

(2)更衣室。更衣室设置在氧舱大厅入口处,配备衣柜、鞋柜、穿衣镜等。一般男、女更衣室各 12～15m²。

(3)诊室。诊室为治疗前医生询问患者病史等信息的房间。为了便于工作,诊室应设在候诊厅附近位置,以方便患者,面积在 10m² 左右。

(4)抢救室。用于突发状况下抢救病人,面积在 15m² 左右。

(5)安检区。病房进入氧舱前的安检区域,面积在 20～30m²。

(6)氧舱大厅。氧舱大厅由氧舱和控制台两部分组成,按照《氧舱》(GB/T 12130—2020)标准执行。面积在 150～200m²。

氧舱根据加压介质、氧舱容量及使用功能等进行分类。按加压介质可分为空气加压舱和氧气加压舱。空气加压舱一般为 4 人以上、多者可达数十人的多人治疗舱,以及手术舱、过渡舱等。氧气加压舱一般为双人或单人的治疗用舱,婴儿氧舱属于此列。按氧舱容量分类可分为单人舱、双人舱、多人舱及婴儿氧舱。按使用功能分类可分为治疗舱、手术舱、过渡舱、急救运输舱、动物实验舱及潜水减压病的特殊治疗舱等。主控制台纵轴与氧舱本体的纵轴平行,布置于氧舱本体外的中间位置。

(7)设备间。包括空压机房、储气罐房。其中空压机房面积在 20m² 左右,且空压机房应采取降噪措施;储气罐房面积在 25～30m²。

(8)卫生间。设置专门的无障碍卫生间,面积在 8～10m²,可男女共用。

(9)医护办公室。医护办公室为工作人员办公的房间,其面积视工作人员数量而定。面积一般在 12～14m²。

(10)污物污洗间。面积在 10m² 左右。

(二)通道及流程

高压氧舱为密闭环境,每批病人结束后必须做好通风换气。

六、院感要求

高压氧治疗中心无特殊院感设计要求。

第八节　静脉用药调配中心

静脉用药调配中心就是把分散在各病区的静脉输液调配工作集中起来,由专业操作人员在万级层流环境(局部百级净化台),严格按照无菌操作要求调配输液,最大限度地避免细菌、微粒等的污染,提高输液的安全性。目前国内许多医院已建成使用或正在建设静脉用药调配中心,有的是新建工程,但更多的是改建工程,受原有建筑条件的制约较多。医院应结合实际情况合理规划,达到方便、安全、经济、节能的要求。

一、医疗特点及要求

(一)科室属性

静脉用药调配中心属于临床的公共科室,是在符合国际标准、依据药物特性设计的操作环境下,经过药师审核的处方由受过专门培训的药技人员及护士严格按照标准操作程序进行全静脉营养、细胞毒性药物和抗生素等静脉药物的调配,为临床提供高质量药学服务的中心。

(二)科室特点

(1)静脉用药调配中心的药技人员严格审核处方的药学合理性,检查药物间的相互作用、配伍作用、相容性、稳定性和用法用量;护士在高洁净的环境下,严格执行无菌操作配制药物,并使配制错误率降到最低,确保配制药液质量,保证患者的用药安全、合理和有效。

(2)静脉用药调配中心对静滴药品统一配送,有利于对药品集中管理,既可有效监控药品质量,又可合理拼用药品,减少药物浪费。

(3)静脉用药调配中心在相对负压、经过净化的万级洁净区,或在生物安全柜的帮助下配制,最大程度保护药技人员及护士不受肿瘤化疗和某些细胞毒性药物的职业伤害。

(三)位置要求

(1)静脉用药调配中心应布局在住院楼,使配送距离最短,且远离各种污染源,周围环境、路面、植被、空气等不会对静脉用药调配中心和静脉用药调配过程造成污染,利于配制管理和环境控制。

（2）静脉用药调配中心的位置应在相对独立的安静区域,并利于医护人员之间沟通和成品液的运送。

（3）不宜设置在地下室和半地下室,净化采风口应设置在周围 30m 内环境清洁、无污染地区,离地面高度不低于 3m。

（4）电力配备和上下水等基础条件符合要求。

二、法规、标准、指南及其他

《医院感染管理办法》;

《洁净厂房设计规范》(GB 50073—2013);

《医院消毒卫生标准》(GB 15982—2012);

《药品生产质量管理规范》;

《静脉用药调配中心建设与管理指南(试行)》(国卫办医函〔2021〕598 号);

《中国医院建设指南》(第五版)。

三、相关占地大的医疗设备、医疗家具及特殊要求

主要设备有水平层流洁净台、生物安全柜及医用冷藏柜或冷库等。

四、规模及功能用房

静脉用药调配中心规模可结合医院床位数和静滴药物配制量确定,以达到集中配制的功能要求。根据国家卫生健康委《静脉用药调配中心建设与管理指南(试行)》中静脉用药调配中心建设的基本要求,使用面积应与日调配工作量相适应,日调配量 1000 袋以下,面积不少于 300m²;日调配量 1000～2000 袋,面积在 300～500m²;日调配量 2000～3000 袋,面积在 500～650m²;日调配量 3000 袋以上,每增加 500 袋面积递增 50m²。静脉用药调配中心应设有洁净区、非洁净控制区、辅助工作区三个功能区。三个功能区之间的缓冲衔接和人流与物流走向合理,不得交叉,不同洁净级别区域间应当有防止交叉污染的相应设施,严格控制流程布局上的交叉污染。洁净区包括一次更衣室、二次更衣室、配制间;非洁净控制区包括药品库、耗材间、审方打印间、排药准备区、成品核对包装区和普通更衣室等功能用房;辅助工作区包括外送缓冲间、洁物间等(如图 7-13 所示)。

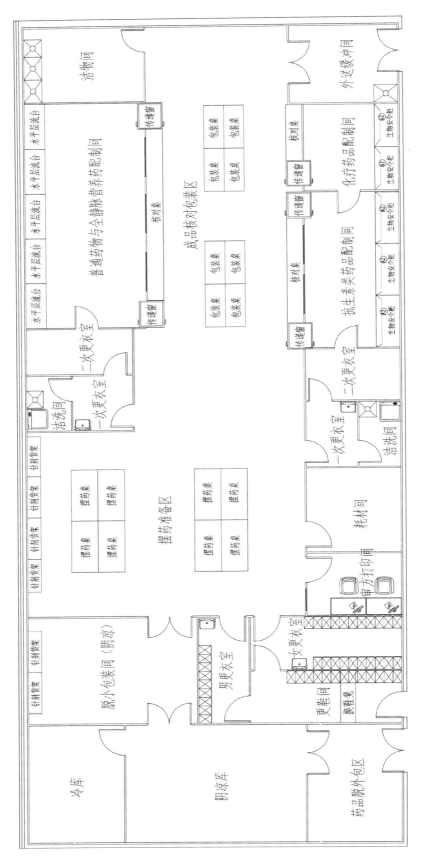

图 7-13 静脉用药调配中心

五、平面功能布局

(一)医疗及辅助用房

(1)普通更衣室。设置在静脉用药调配中心进出口处,按照标准分别设置男、女更衣室,分别在 8m² 和 15～30m²,男小女大。

(2)一次更衣室、二次更衣室。进入配制间的人流通道分为一次更衣室和二次更衣室,面积分别在 10m² 左右,工作人员在一次更衣室中进行洗手、换鞋、一次更衣等操作,在二次更衣室换洁净服、戴口罩、戴手套。一次更衣室的洁净级别不低于十万级,二次更衣室的洁净级别为万级。

(3)药品库、耗材间。主要储存调配中心所用的药品和必要的医疗耗材。药品库设置阴凉库、冷库和药品脱外包区。药品库总面积在 100～150m²,其中阴凉库在 50m² 左右,冷库在 20～30m²,药品脱外包区在 30～40m²;耗材间面积在 15～20m²。

(4)审方打印间。审方打印间是临床药师的主要工作区,面积在 15～20m²,用于接收并审核医嘱,确保药物的相容性、稳定性及合理性,分批并打印输液标签,不合理医嘱退回医生处。

(5)排药准备区。面积在 60～100m²,设置较大的空间用于脱去外包装药品的暂存区,工作人员根据输液标签从本区域选取相应的药品,为需要配制的药品做准备工作。

(6)配制间。配制间为一个相对密闭的洁净区域,洁净级别为万级,药品在本区域完成核对、混合、溶解等配制操作。按照配制药物的不同种类可分为普通药物与全静脉营养药配制间(50～80m²)、抗生素类药品配制间(30～50m²)、化疗药品配制间(20～40m²)。普通药物与全静脉营养药配制间需配备水平层流洁净台,使局部配制环境达到百级,保证药品不被污染。抗生素类及化疗药品配制间主要配制含有抗生素或细胞毒性药物的处方,该房间配备生物安全柜,使配制环境的洁净级别达到百级,且为负压,从而防止药品对工作人员造成伤害。

(7)成品核对区。核对已经配制好的药品,确认药品种类、剂量无误,输液无沉淀、异物、变色,输液袋无渗漏,检查无误后整包发放到各科室病区中,面积在 50～60m²。

(8)外送缓冲间。成品核对区与外界过渡的区域,配制好的药品由此运送出去,面积在 15～20m²。

(9)洁物间。专门用来存放洁净房间所用的洁具与洁净工作服的房间,面积在 $10\sim15m^2$。

(二)通道及流程

病区医嘱产生后,由护士输入电脑并核对发送到调配中心,药师审方(不合理的处方反馈给医生更改)并打印标签,护士贴标签,配药师核对后分类送入配制间,护士核对后配药送出配制间,药师再核对整包,送药工送至病房,病区护士签收。

(1)人流:药师更衣后直接进入摆药间,护士更衣后进入一次、二次更衣室,然后进入配制间,送药工及核对护士更衣后进入成品间。

(2)物流:库房将药物的外包装拆除后放至摆药间,药师根据电脑打印的输液标签进行摆药,摆药间护士进行首次核对,然后传至配制间,配制间护士进行二次核对,药物配制完毕后传至成品间,送药工装箱后送至各病区。

六、院感要求

静脉用药调配中心严格按照人流、物流等多方面要求来设计,整体布局、各功能区设置应当符合有关文件或指南规定,需合理划分各功能区,空气净化采用层流净化,各区域分别达到十万级、万级、百级,在不同区域之间形成合理的缓冲区域。

七、其他要求

静脉用药配制中心不是医院建设中一个必须运行部门,每家医院根据运行的具体情况选择,其整体布局也常由净化公司负责设计、施工,建筑设计时只要选对位置及留有足够的面积即可。但全静脉营养药配制间、化疗药品配制间是必须建设的(如图7-14所示),在新院区设计及老院区改造时必须认真布局。

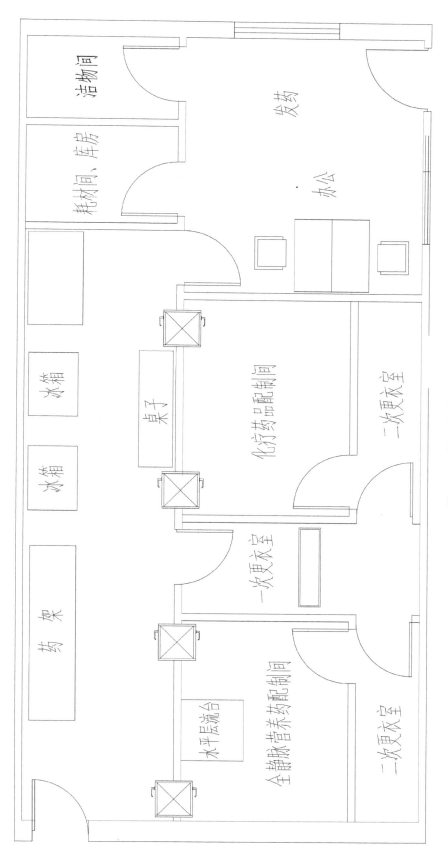

图 7-14 特殊静脉配液区

第 八 章
手术室、导管室等相关科室

手术室是医院外科的公共科室,导管室则是心内科、神经内科、介入科、血管外科等科室的公共部门。在选址上,手术室应与外科科室、外科重症监护病房等邻近;导管室一般属于内科范畴,最好与内科病房邻近。有的医院会将导管室设置在大手术室区域内,有的医院则将导管室独立布局,规模较小的医院也会将其放在放射区域。手术室、导管室的规模数量取决于医院的规模、外科的强弱、心脑血管病等专科的强弱。近些年国内各医院手术量快速增长,相应的手术室不够用,所以大型医院在建设时一定要有预留空间,手术室有专门的管理要求和内部设计要求,其内部结构布置有很强的专业要求,常由各类手术的数量、院感管理及相关专业手术室面积的特别要求而定,净化等级主要由手术的种类而定;导管室数量和面积的大小由 DSA 数量、种类和功能等决定;产房一般设置在产科病房相邻区域,或设置在产科病房的一端,但妇幼保健院等专科医院的产房需在独立区域设置;门诊小手术室设置在门诊相对偏僻的位置,门诊小手术室的规模与医院门诊服务人数相关;消毒供应中心是临床科室、医技科室的共享部门,是医疗核心区的重要组成部分。

第一节　手术室

手术室是为病人实施手术及抢救的场所,是医院外科系统极其重要的部门,手术室的环境及工作流程,直接影响手术运行、手术质量及院感安全,甚至关乎病人的生命安危。这就对手术室的布局提出了更高的要求。

一、医疗特点及要求

(一)科室属性

(1)手术室是为患者实施手术治疗以及抢救危重病人的重要场所,其规模大小及设备配置是一家医院能力和水平的标志。

（2）手术室是外科系统共用的科室，也是医疗核心区的重要内容之一。

（二）科室特点

（1）手术室人员通常有外科医生、麻醉医生、手术和麻醉护士三部分人员，他们组成相互密切合作的团队。

（2）大部分手术室可以通用，但近年来医学快速发展，各专科专门的手术器材快速增多。手术室按照医院专科分类可划分为普外手术室、骨科手术室、妇产科手术室、神经外科手术室、心胸外科手术室、泌尿外科手术室等，还有近年来发展起来的杂交手术室及机器人手术室。由于各专科的手术往往需要配备专门的设备和仪器，洁净等级要求也不同，因此，专科手术间宜相对固定。如骨科、血管外科的手术需要放射防护，所以要规划在各自的特殊区域。手术室的空气洁净度按照手术环境分为百级、千级、万级、十万级和 30 万级，按照《医院洁净手术部建筑技术规范》的术语定义为洁净度 5 级、6 级、7 级、8 级、8.5 级。

（3）流程管理、耗材管理、院感管理、消防管理非常重要。

（4）根据国家卫健委制定的《综合医院建设标准》（建标 110—2021），内窥镜手术器械控制系统（手术机器人）为大型医用设备，在综合性医院设计中有单列的面积指标，面积为150m²，包含辅助用房。

（三）位置要求

（1）手术室在医院建筑平面中应自成一区，最好在同一个平面，有利于人流、物流管理，但实际中往往难以做到。同一平面建筑难以提供可以安放 30 个或以上手术间的空间，故可按建筑楼层设第一手术区和第二手术区，尽管运行成本会升高，但有利于专科分区。很重要的一点是手术室净化设备的使用年限有要求，这样在更换净化设备时可分区改造。

（2）手术室不宜设置在建筑体的首层或高层，宜选择大楼的中底层，设在安静、清洁、便于和相关科室快速联络的位置，原则上要保证紧急救治通道畅通和便于与相关科室联系，特别是与消毒供应中心、血库、病理等科室或部门联系，从而提高工作质量与效率。外科重症监护室也应与手术室设在相邻楼层，便于术后重症病人转运。

（3）手术室应远离医院锅炉房、污物污水处理站等，也应远离变压器、地铁站等振动较多的场所，以避免污染、减少噪声或电磁干扰等。

二、法规、标准、指南及其他

《医院感染管理办法》；

《综合医院建设标准》(建标 110—2021);

《综合医院建筑设计规范》(GB 51039—2014);

《医院洁净手术部建筑技术规范》(GB 50333—2013);

《建筑灭火器配置设计规范》(GB 50140—2005);

《民用建筑供暖通风与空气调节设计规范》(GB 50736—2012);

《医院消毒卫生标准》(GB 15982—2012);

《中国医院建设指南》(第五版)。

三、相关占地大的医疗设备、医疗家具及特殊要求

手术室中有机械设备与电子设备两大类,其品种繁多,如五官科、眼科、胸外科、神经外科等科室的手术室的手术设备都不一样。一般手术室配置的通用常规医疗设备包括无影灯、手术台、吊塔、呼吸机、麻醉机、各种腔镜、心电监护仪、移动 DR 系统等。血管外科、骨科分别有 DSA、移动 C 臂以及相关专科设备,如关节镜、显微镜等。

四、规模及功能用房

手术室的规划不仅要满足医院当下的需求,并且要考虑未来的发展。手术室的规模、大小及手术间数量应根据医院的等级、规模、专科能力等,并视自身的发展需求而定。

手术室(如图 8-1 所示)布局和流程应科学合理,从无菌技术、院感管控要求以及功能使用的角度上,将手术室划分为三区四通道。三区分别为非限制区、半限制区、限制区;四通道分别为医务人员通道、手术患者通道、无菌物品通道、污染物品通道,实际运行中医务人员通道、患者通道、无菌物品通道在限制区是同一通道。因手术间内全部采用高效过滤、垂直层流的空气净化系统,所以将所开展的专科手术安排至相应层流等级的手术间,应做到仪器设备相对固定、符合规范。非限制区(非洁净区、非无菌区)包括更鞋室、更衣室、办公室、会议室、资料室、示教室、就餐间、值班室、医护人员休息室、卫生间、标本室、污物间、污洗间等;半限制区(准洁净区、相对无菌区)包括换车间、护士站、术前准备室、麻醉复苏室、消毒间等,设在中间位置,为过渡性区域;限制区(洁净区、无菌区)包括洗手间、手术间、无菌库房、耗材库、药品室、麻醉准备间等,洁净要求最为严格,非手术人员或非在岗人员禁止入内。

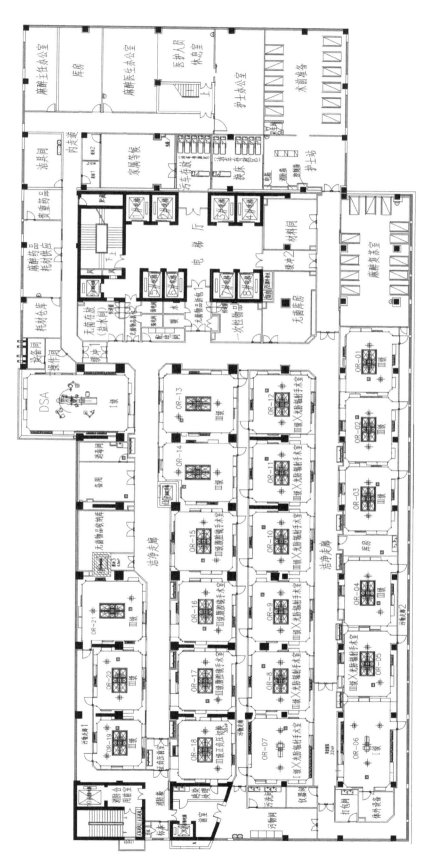

图 8-1　手术室（更衣室、手术室餐厅在另一楼层）

五、平面功能布局

下面就 20～30 个手术间的手术室规模来表述相关用房的面积。

(一)非限制区

(1)办公用房。办公用房包括麻醉主任办公室、麻醉医生办公室、护士长办公室、值班室、示教室、家属谈话室等。麻醉主任办公室面积在 10m² 左右;麻醉医生办公室为集中式设计,在 30～50m²;护士长办公室面积在 10m² 左右;值班室设置于受干扰小的地方,应附设卫生间,面积在 20m² 左右,需设置多间;示教室面积在 50m² 左右;家属谈话室面积在 10m² 左右,一般设在手术家属等候区,医生从半限制区或限制区进入,家属从等候区进入。

(2)更衣室。更衣室每人使用面积不少于 0.8m²,设置浴室和卫生间,男、女分设,在手术室入口处。

(3)就餐间。就餐间供医护人员用餐,面积在 40～60m²。

(4)医护人员休息室。医护人员休息的区域,面积在 30m² 左右。

(5)快速清洗间。用于重复使用器材的清洗,面积在 20～30m²。

(6)污物间、污洗间。手术室污物较多,有一次性和非一次性的,污物间连接污物通道,面积在 30m² 左右;污洗间面积在 15m² 左右。

(二)半限制区

(1)换车间。手术室的换车间对面积有一定要求,便于分别存放非洁净车和洁净车,非洁净车存放区面积在 30～40m²,洁净车存放区面积在 30～40m²。

(2)护士站。护士站设置于手术室的病人入口处,可考虑为非限制区与半限制区之间的缓冲间。在护士站附近可考虑设置气动物流或小车物流的位置。护士站面积一般在 20～30m²。

(3)术前准备室。术前准备室常设在护士站的附近,病人在换床之后,直接进入术前准备环节。然后送入各手术间,准备室面积在 60m² 左右。

(4)麻醉复苏室。麻醉复苏室应设在距离手术间较近的区域,是观察术后病人苏醒过程的暂时区域,待病人复苏之后再转入普通病房或重症监护区。室内需考虑设置设备带或专用吊塔,便于复苏及观察处理。麻醉复苏室面积根据手术间及手术量而确定,一般在 80～120m²。

(5)消毒间。消毒间用于连台手术中一些贵重的、数量较少的手术器械(如腔镜)的临时灭菌消毒,一般放置快速压力蒸汽灭菌器、等离子灭菌器等,面积在 30～40m²。

(三)限制区

(1)麻醉准备间。麻醉医护人员在对病人进行麻醉时对一些麻醉药物、敷料物品整理并准备的房间,面积在 30m² 左右。

(2)洗手间。洗手间专供手术者洗手用,采用分散布置的方式,通常设在两个手术间之间,一个三位洗手槽可负担不超过 4 间手术室。洗手槽一般设在手术间的外走廊上,凹陷其中并与走廊墙面保持平齐。

(3)手术间。手术间的面积主要取决于手术的类型、手术时医护人员数量,以及手术时使用设备的数量。三级医院设置 20～50 个手术间,25 个手术间以上建议分为两个手术区。一般来说,骨科手术室、神经外科手术室和心脏手术室因为复杂的手术设备,面积大于其他类型的手术室。同时,净化级别不同的手术间有不同的用途:百级手术间用于神经外科、心脏手术、骨科关节置换,面积要求大;千级手术间用于骨科、普外科、整形外科中的一类伤口手术;万级手术间用于耳鼻咽喉科、泌尿外科手术和普外科中除一类伤口以外的手术;正负压切换的手术间可用于特殊感染手术的开展。手术间面积一般在 40～60m²。

(4)无菌库房。无菌库房应设在距离各手术间较近的区域,为无菌敷料、器械的存放处。应尽量减少运输距离和取物的步行距离。无菌库房面积在 30～50m²。

(5)耗材库。一次性耗材库应紧邻无菌库房设置,面积在 20～30m²,同时最好带一间无菌物品拆包间(拆包间门开向非洁净区),面积在 10～15m²。

(四)通道及流程

手术室内划分为洁净走廊和污物走廊。现今由于污物严格打包,许多手术室不设专门的污物通道,采用洁污共用,建筑面积比较充裕的也可分开设置。

(1)洁净走廊。是洁净手术区的重要通道,承担着医护人员、病人、洁净物品通行的任务。洁净走廊采用环形走廊设置,有利于洁净与非洁净区域的划分,也有利于控制交叉污染。洁净走廊净宽不宜小于 3m,保证人流、物流的顺畅。

(2)污物走廊。是术后各类污染物的通道。它与所有手术室相连接,污物通过专用电梯运输至消毒供应中心或污物处理中心处理。污物走廊宽度一般应在 1.8m 左右。

六、院感要求

要注意负压手术室位置及流程设计,做好通风系统、净化系统的设计。

七、其他要求

手术室随着使用年限的增加,需要进行装修改造,建议新建医院或改扩建医院将手术室划分为两个相对独立的手术区,为方便日后手术室改造时也可基本不影响医院手术的进行,两个相对独立的手术区可以让手术室轮流改造维修。另外,由于有 DSA 的杂交手术室、骨科手术室等有 X 射线防护要求,设计时最好自成一区,便于防护施工和设备在手术间之间挪动。再者,由于医学快速发展,各种手术机器人层出不穷,各相关专科的手术室需预留安顿手术机器人的相应面积,如达芬奇手术机器人手术室净面积要求达 $60m^2$ 以上。手术室常由净化公司统一设计,但建筑设计师及医院管理者必须对内部用房的需求及流程有基本了解。

第二节　导管室

随着各种介入诊疗技术在医院发展中的地位不断提升,介入诊疗促进了医疗的进步,介入导管室建设在现代综合性医院越来越被重视。合理设计和科学布局是导管室建设的基本要求,也是开展介入诊疗所必需的基础条件。

一、医疗特点及要求

(一)科室属性

导管室是实施介入诊疗的重要场所,是医生在 X 射线引导下进行有创性操作的手术室,它既有内科属性又有外科及放射科的特点。

(二)科室特点

(1)介入诊疗范围极其广泛,包括全身各部位心脏血管造影检查和治疗,如头、颈、心、肺、肾、四肢相关诊疗,各类动脉瘤、血管畸形的栓塞治疗及血管闭塞性疾病支架置入,非血管性管腔狭窄支架置入,肿瘤的各种治疗(如射频、放射性粒子支架置入),妇产科病诊疗(如子宫肌瘤、宫外孕、输卵管阻塞引起的不孕症)以及各类创伤大出血的诊断和血管堵塞等。

(2)急诊患者多,涉及多个专业,时效性要求高。

(三)位置要求

(1)导管室需建立在独立的区域,由不同学科相关专家实施手术,应离内、外科病房较近,方便病人转运。所以导管室也是医疗核心区的组成部分。

(2)不同医院设置导管室的形式也会有所不同。规模不大的医院导管室设置在放射科,作为放射科的一部分;有的医院将导管室设在综合手术室之中;大型医院也会在手术室放一二台

DSA,组建杂交手术室,供杂交手术用。大多医院配备多台 DSA 设备,独立设置导管室,按手术室管理方法管理。个别医院把专科导管室设在专科病区附近,如心血管专科的导管室。

二、法规、标准、指南及其他

《医院感染管理办法》;

《综合医院建设标准》(建标 110—2021);

《综合医院建筑设计规范》(GB 51039—2014);

《医院洁净手术部建筑技术规范》(GB 50333—2013);

《放射诊断放射防护要求》(GBZ 130—2020);

《中国医院建设指南》(第五版)。

三、相关占地大的医疗设备、医疗家具及特殊要求

每个导管室配备大型 C 臂 DSA,有悬吊和落地之分,也有单 C 臂和双 C 臂之分,其中双 C 臂占地面积较大。不同功能的导管室配置不同的相关设备,主要有高压注射器、麻醉机、治疗车、心电监护仪、除颤仪等。心血管导管室还有射频消融仪、电生理仪、心脏三维标测系统、血管内超声仪、OTC、旋磨仪等。除了专科导管室配备不同设备,导管室还有其他一些基本配备要求,如用来存放导管、导丝等无菌耗品的柜子等。

四、规模及功能用房

导管室的规模设置要符合医院的发展,与所在医院技术水平和病人数量相适应,既要满足近期要求,也要考虑未来发展所需。根据国家卫健委制定的《综合医院建设标准》,综合医院以床位作为医院各类用房面积控制的标准,由于介入治疗所使用的 DSA 设备属于大型医疗设备,在综合医院设计中列为单列项目的房屋建筑面积指标,不属于按比例分配的医院建筑面积。《综合医院建设标准》单列项目房屋建筑面积的指标中,X 射线造影(导管)机即 DSA 用房的面积为 $310m^2$,包含辅助用房,从目前医疗发展的情况来看,该面积是不够的。通常大医院会设置许多台 DSA,因此导管室的面积会随 DSA 设备的数量而有所不同,在设计时首先应该保证 DSA 手术间、控制室和设备间的面积达到要求,其他辅助房间可根据需要适当调整。导管室在建筑布局上应为独立的区域,其内可划分为三区,即非限制区、半限制区、限制区,但一般而言,导管室没有手术室那样严格的三区划分要求。主要功能用房包括导管手术室、控制室、设备间(DSA 机柜机箱)、洗手槽区、复苏室、更衣室、办公室、示教室、医护休息室、无菌库房、污物间及污洗间等(如图 8-2 所示)。

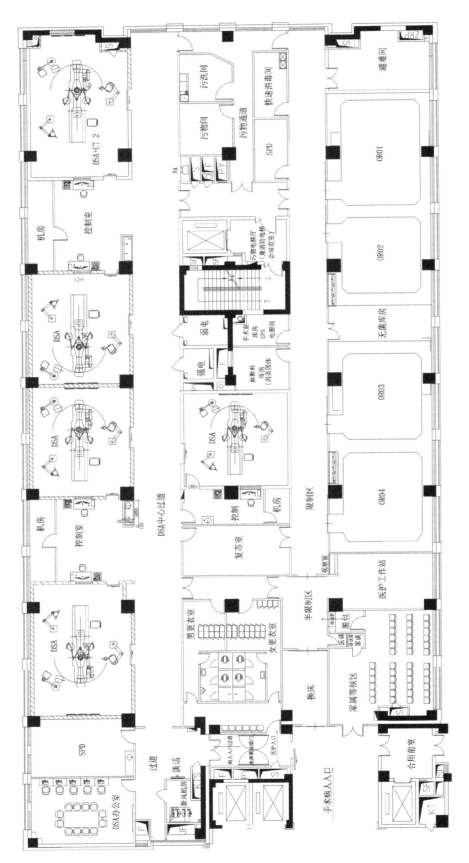

图 8-2 部分手术室和导管室设置在一个区域，共用更衣室等

五、平面功能布局

（一）医疗及辅助用房

（1）更衣室。分别设男、女更衣室，面积各 10～20m²。配置衣柜，还应配套设有洗手间、淋浴间。

（2）洗手槽区。供术者洗手消毒，两个导管室设一个两人位洗手槽。

（3）导管手术室。各导管手术室是导管室的主要部位，各种手术操作均在这个场所内进行。导管手术室应具备足够的空间，充分考虑诊断的辅助设备和抢救设备所需的空间，面积在 50m² 以上，保证各种仪器摆放方便操作和抢救时使用。

（4）控制室。是供技术员控制 DSA 或医生进行临时讨论的场所。设有 DSA 操作控制台、监护仪屏等。一般要求面积在 20～30m²。控制室与手术间以铅玻璃隔开，视窗可以尽量大一些，以便观察。

（5）设备间。主要放置 DSA 的主机及附属设备，由于技术的发展，其机柜越来越少，所以占地面积也越来越小，一般在 10～15m²。

（6）复苏室。为特殊病人术后暂时观察治疗的区域，复苏室面积视手术间数量而定（大多数导管病人不需全麻），麻醉复苏室面积一般在 20m² 左右即可。

（7）无菌库房。用来存放手术中所使用的无菌物品和无菌器械，包括穿刺针、导管、导丝、支架等，由手术量决定库房面积，一般在 30～40m²。

（8）污物间及污洗间。布置在污梯附近，房间面积分别在 15m² 和 8m²。

（9）办公室。导管室一般无固定医生和麻醉师，但有固定护士，一般设置一个通用办公室即可，面积在 20～30m²。

（10）医护休息室。面积在 12m² 左右。

（二）通道及流程

导管室的通道视医院场地面积而定，有共用通道设计的，即患者、医务人员及医疗废弃物用共同的通道，以节约建筑面积；也有人、污分别设置通道的。

六、院感要求

导管室是简版手术室，各区域应布局合理，以降低交叉感染的概率。导管室应配备必要的消毒灭菌设备和洗手设施，使导管室建筑布局符合医院感染控制的基本要求。按照新的

《医院消毒卫生标准》，普通介入导管室应属于Ⅱ类环境，即空气平均菌落数≤4.0CFU/皿（15min），物体表面平均菌落数≤5.0CFU/cm² 即可，需配新风系统。

七、其他要求

（1）导管室应有良好的放射防护设施，四周墙壁及上下地面需防 X 射线，应有 2mm 铅当量的防护能力。

（2）导管室的建筑层高要在 3.5m 以上。

第三节　产房

产房为产科的重要医疗场所，目前各地注重人性化产房的建设，这对医院产房的布局提出了新要求。

一、医疗特点及要求

（一）科室属性

产房是产妇自然分娩的场所，具有外科属性。

（二）科室特点

（1）产妇及新生儿的死亡率有严格的管控指标，医疗安全非常重要。

（2）临产时，产妇及胎儿情况瞬息万变。

（3）生产过程一般顺利，但可能有严重并发症，如胎儿窘迫、产后大出血、产妇羊水栓塞等。

（4）新生儿抵抗力差，易被感染，对环境管理要求高。

（三）位置要求

产房应自成一区，设有独立出入口，布局的设置应以方便工作、有利于母婴安全、符合隔离和院感防控为原则，应与 ICU、NICU 邻近，小型医院也会把产房直接设置在产科病房内相对独立的区域。

二、法规、标准、指南及其他

《医院感染管理办法》；

《综合医院建设标准》（建标 110—2021）；

《综合医院建筑设计规范》（GB 51039—2014）；

《中国医院建设指南》（第五版）。

三、相关占地大的医疗设备、医疗家具及特殊要求

产房常用医疗设备包括产床、相关治疗车、婴儿辐射保暖台、胎心监护仪等。

四、规模及功能用房

医院产房无相关规模要求，其规模能满足医院产妇分娩量即可。产房分区明确，划分为非限制区、半限制区和限制区。非限制区有卫生间、医疗废物间、污物污洗间；半限制区有医护更衣室、待产室、隔离待产室、复苏室；限制区有分娩室、无菌物品存放间（如图 8-3 所示）。

五、平面功能布局

（一）非限制区

（1）医疗废物间、污物污洗间。面积分别在 $4\sim6m^2$ 和 $8\sim10m^2$。

（2）卫生间，面积在 $4\sim6m^2$。

（二）半限制区

（1）医护更衣室。按照普通更衣室标准设置医护更衣室，面积在 $6\sim8m^2$。

（2）待产室。凡孕妇已进入第一产程，均应送入待产室。待产室应靠近分娩室，室内床位数根据分娩量而定，一般以 $4\sim10$ 张为宜，面积在 $30\sim50m^2$，待产室内设置专用卫生间。

（3）隔离待产室。主要用于患有传染病的产妇的分娩，如患有乙肝、艾滋病、梅毒等的产妇。

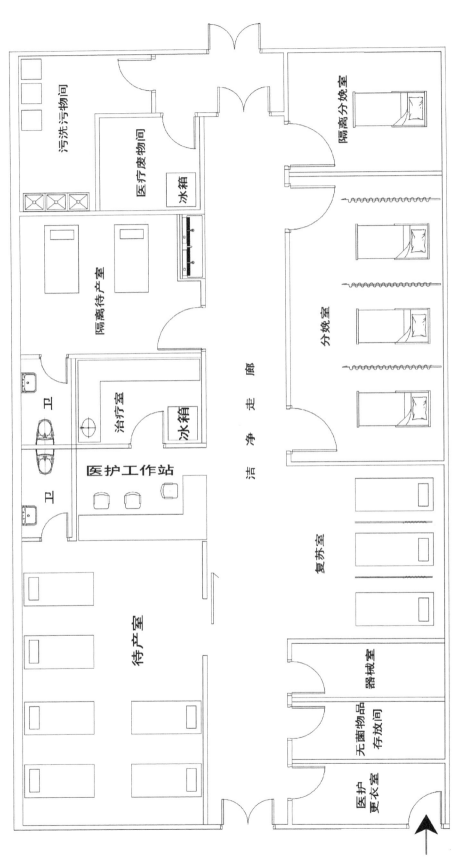

图 8-3 产房

（三）限制区

（1）分娩室。每间分娩室面积在 $20\sim25m^2$，结构设置与手术室要求一致。需独立设置隔离分娩室，其布局和设备应便于消毒隔离，面积在 $25m^2$ 左右。剖宫产手术一般是在医院综合手术室内施行，与普通手术无异。

（2）无菌物品存放间。用于存放无菌物品，面积在 $10\sim15m^2$。

（二）通道及流程

有条件的医院可在产房区域设三通道，即产妇通道、工作人员通道和污物通道。

六、院感要求

强调隔离待产室及隔离产房的设计，应有专门的医疗废物间、污物污洗间。

第四节　门诊小手术室

门诊小手术室是施行浅表性手术的场所，如体表皮肤结节、脂肪瘤、各种引流管拔管及其他一般性简单手术。一般而言，门诊小手术要求不高，但合理的门诊小手术室布局有利于管理和院感控制。

一、医疗特点及要求

（一）科室属性

（1）门诊小手术室是外科门诊系统共用的科室，一般独立于大手术室运行。
（2）门诊小手术室是二、三级医院必备的科室，是门诊患者实施小手术的场所。

（二）科室特点

（1）门诊小手术室手术种类多，人流量大，手术室利用率高。
（2）门诊小手术室规模小，手术简单，一般为局麻的皮肤浅表性手术，对空气净化要求不高。

（三）位置要求

门诊小手术室在医院门诊建筑平面中应自成一区，最好在建筑体人流相对较少的位置。

二、法规、标准、指南及其他

《医院感染管理办法》；

《医院消毒卫生标准》(GB 15982—2012)；

《中国医院建设指南》(第五版)。

三、相关占地大的医疗设备、医疗家具及特殊要求

门诊小手术室配置的通用常规医疗设备一般包括小型无影灯、手术台、柜子、推车、抢救车以及相关设备。

四、规模及功能用房

门诊小手术室无相关规模要求，规模、手术间数量应根据医院的等级、规模、专科能力而定，在满足医院当下需求的基础上应为未来发展留有余地。门诊小手术室（如图 8-4 所示）的主要功能用房有等候厅、医护更衣室、医护办公室、患者更衣室、洗手间、手术间、无菌库房、污物间及污洗间。

五、平面功能布局

（1）等候厅。部分门诊手术患者有家属陪同，应在门诊手术室外设置患者休息等候的场所，一般会预约手术时间，等候厅总体面积可以不大，一般在 15～20m²。

（2）医护办公室。面积在 12～15m²。

（3）医护更衣室。为手术医护人员更衣换鞋的房间，面积在 6m² 左右。

（4）患者更衣室。手术病人术前更衣换鞋、二次候诊的区域，面积在 8～10m²。

（5）洗手间。洗手间专供手术者洗手用，洗手槽一般设在走廊上，凹陷其中并与走廊墙面保持平齐。门诊小手术室设置一个两位洗手槽可满足要求。

（6）手术间。手术间面积一般在 20～30m²，二、三级医院设置 3～5 个手术间即可满足需要。

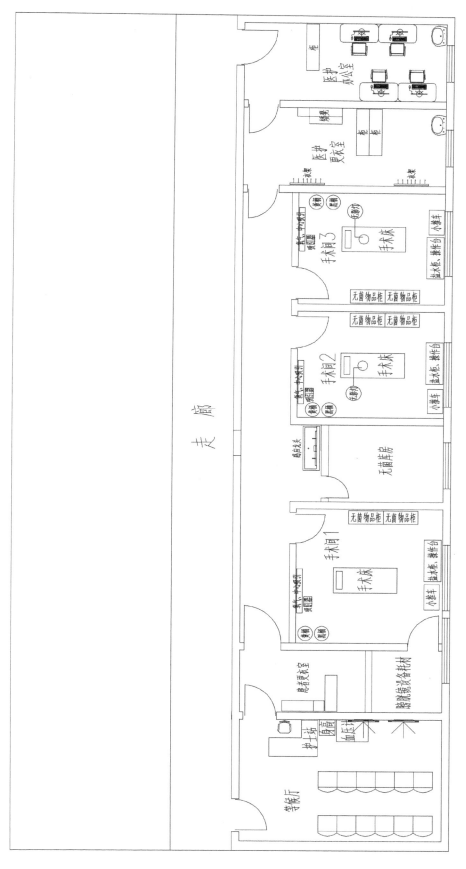

图 8-4 门诊小手术室

（7）无菌库房。无菌库房应设在距离各手术间较近的限制区域,为无菌敷料、器械的存放处。无菌库房面积在 $10\sim12m^2$。

（8）污物间及污洗间。暂时存放生活垃圾、医疗废弃物和清洗污物的地方,污物间、污洗间的面积分别在 $8m^2$ 左右,也可与同层其他部门共用。

（四）通道及流程

无特殊严格要求,视医院情况而定。既可患者、医务人员及医疗废弃物共用通道,也可人、污分别设置通道。

六、院感要求

配备必要的消毒灭菌设备和洗手设施,建筑布局符合医院感染控制的基本要求。

第五节　消毒供应中心

消毒供应中心是医院医疗运行非常重要的支持部门,消毒灭菌在控制医院内感染、保证医疗安全方面起着非常重要的作用。医院消毒供应中心的合理布局和建设、合理的工作流程、专业的设备配置,是设计消毒供应中心时必须关注的内容。

一、医疗特点及要求

（一）科室属性

消毒供应中心是介于医疗、医技、后勤部门之间的科室,无法准确归类,是医疗运行的保障科室、院感防控的重要部门。

（二）科室特点

（1）消毒供应中心是全院共用的科室,对手术室、口腔科等来说尤为相关,最好设在与其邻近的位置。

（2）消毒供应中心总面积、功能室面积、布局以及物流（医疗器械）、人流有严格的相关要求。

（3）消毒供应中心必须采取集中统筹的方式,根据院感管理要求,对所有需要消毒或灭菌后重复使用的器械、器具和物品进行集中清洗、消毒、灭菌和供应。

（三）位置要求

（1）消毒供应中心是医疗核心区的重要组成部分,建议设置在建筑第一层,位置应交通便捷。尽管许多国内外医院会将消毒供应中心放置在地下室,但为减少垂直运输成本以及车辆运输的可达性,建议不要设在地下室或半地下室。

（2）消毒供应中心应设在靠近临床科室（特别是外科）的位置,通常是在手术室邻近位置,优先考虑上下层关系,并设有专用垂直通道相连。

（3）消毒供应中心设计时应规划在相对独立的区域,保证周围环境清洁,无污染源。

二、法规、标准、指南及其他

《医院感染管理办法》；

《综合医院建筑设计规范》（GB 51039—2014）；

《医疗消毒供应中心等三类医疗机构基本标准和管理规范（试行）》（国卫医发〔2018〕11 号）；

《医院消毒供应中心第 1 部分：管理规范》（WS 310.1—2016）；

《中国医院建设指南》（第五版）。

三、相关占地大的医疗设备、医疗家具及特殊要求

消毒供应中心的设备设施包含各种高压灭菌器、医用热封机、清洗器、等离子消毒柜、环氧乙烷消毒柜等设备,以及高压水枪、高压气枪、各种工具容器、清洗池、工作操作台和各类货架等。

四、规模及功能用房

消毒供应中心规模首先要符合国家相关的办法、规范和标准,再结合医院的自身特点、医院现有或未来发展的床位数、医院门诊量、手术量、区域发展规划及医院其他具体情况,如医院的性质、专业特点、实际消毒工作量等因素综合考虑。做到既能保证医院医疗工作的有序进行,又能最大限度地满足设备所需场地及工作人员的基本工作条件要求,还应为未来发展留有余地。根据《综合医院建筑设计规范》,消毒供应中心的建筑面积以每张病床 $0.7\sim1.0 \text{m}^2$ 作为计算参考值。100 张床位以下的医院消毒供应中心面积应大于 70m^2,有条件的医院可留

$50\sim100m^2$ 扩展空间。$100\sim500$ 张床位医院的消毒供应中心的面积应在 $300\sim500m^2$，考虑预留发展空间，取加 20%。一般来说，中小型医院消毒供应中心的面积在 $360\sim600m^2$。500 张床位以上的医院可按照床位取其系数的 80% 来确定。以一家 2000 张床位的综合性医院计算，其消毒供应中心的建筑面积一般在 $1600m^2$ 以上，并预留发展空间。但随着医学技术的飞速发展，一次性无菌耗材广泛使用，医院消毒供应中心设计时还应考虑这些因素。从空间使用流程及院感角度，消毒供应中心可划分为工作区与办公辅助区。工作区即对物品进行接收、清洗、消毒、灭菌、发放的区域，具体有去污区、检查打包及灭菌、无菌物品存放区。工作区根据物品在流程工作中微生物的负荷状态，又可划分为三大区域，即污染区、清洁区、无菌区。各区域面积按各区工作量的多少而设置。一般建议污染区占总建筑面积的 20% 左右；清洁区占总面积的 40% 左右；无菌区占总面积的 20% 左右；办公辅助区占总面积的 10%～20%，其中缓冲区比例不小于 2%，发物区占 2%～3%。

消毒供应中心必须是独立完整的区域，凭门禁卡出入。工作区的主要功能有收件、分类、清洗、消毒、敷料制备、器械制备、灭菌、质检等，所以需有相应用房以及一次性用品库、卫生材料库、器械库、无菌物品储存室等用房，办公辅助区应设休息室、办公室、更衣室、值班室、休息室、淋浴间和卫生间等用房。

五、平面功能布局

(一)工作及辅助用房

(1)去污区。为消毒供应中心对重复使用的器械、器具和物品进行回收、分类、清洗、消毒的工作区域，为污染区域。该区内设有收件口，是清洁消毒的重点控制区。去污区包括回收接收区、特殊感染物品处理区、手工清洗区、机械清洗区、车辆清洗消毒区，操作区域的划分按污染递减的顺序处理，各区之间有一定的距离。去污区严格控制室内相对湿度在 30%～50%。设计抽气排风换气系统，强制排出被污染的空气，保证去污区与相邻各区形成相对的负压状态，使空气由洁向污流动，处理后排到室外。

(2)检查打包及灭菌区。是对去污后的器械、器具和物品进行检查、装配、包装、灭菌、检测、存放的工作区域。检查打包及灭菌区包括器械检查打包间、敷料制作打包间、压力蒸汽灭菌间、低温灭菌间、一次性用品库、检测室等。注意其中器械检查打包间要有充足的光线和面积。敷料制作打包间应自成一间，气压略低于其他房间，以避免飞絮飘入其他空间，造成污染。

(3)无菌物品存放区。是对灭菌过后的无菌器械、敷料包进行保存的区域。无菌物品存放区包括灭菌物品存放间和已拆除外包装的一次性无菌医疗用品存放间。该区域和其他区域必须隔断,并设计空气净化装置,与其他区域保持正压状态。区域中应设有单向通过的缓冲间或者传递窗,通过气流压差或者空气锁屏来达到屏障作用。人员进入无菌区,要进行洗手、更衣、换鞋、戴帽子、戴口罩和风淋。

(4)发物区。即无菌物品发放区,与无菌物品存放区邻近,另一侧必须有顺畅的通道及转运推车停放区域。

(5)办公室。包括护士长办公室,根据消毒供应中心人员数而定,一般在 $20\sim40m^2$。

(6)辅助用房。辅助用房包括工作人员更衣室($15\sim20m^2$),值班室($12m^2$),休息室($12m^2$),男、女淋浴间(各 $4\sim6m^2$),男、女卫生间(各 $4\sim6m^2$)等,应自成一区,与工作区严格分开。

(二)通道及流程

充分考虑消毒供应中心人流和物流,工作区域的 3 个分区之间空气净化级别不同,每个工作区域的人员应相对固定,避免人员流动造成污染扩散或院感事件的发生,因此在 3 个分区中分别设立缓冲间,工作人员进入相应的区域时应更衣、洗手、更鞋等,以达到预防和控制院感的发生,实现布局流程不交叉、不逆行。平面布局至少要有 4 个出入口,包括工作人员出入口、污染物品入口、清洁物品入口、无菌物品发放出口。物品器械由污到洁:污染物品—污染口—去污区(清洗消毒)—检查打包灭菌区(检查、打包、灭菌)—无菌存放区;清洁敷料—清洁口—敷料打包间(灭菌)—无菌存放区—发放区。

六、院感要求

(1)消毒供应中心功能区域设计遵循同侧原则,即相同或者相关联的功能区域设计在相同方向。工作区域和其他区域之间,利用空间屏障、气流屏障或实物屏障相互独立隔绝,并在流程布局上力求做到最大限度地减少传输距离,降低交叉污染发生的可能。

(2)为防止污染扩散和对感染进行控制,保证物品由污到洁的流程,各区之间设立缓冲间。3 个区域应通过物理屏障和气流屏障,保持清晰的人员流线、物流线、气流线,杜绝无菌物品、清洁物品与污染物品在运输线路上的交叉,杜绝 3 个区域工作人员活动的交叉造成的污染,3 个区域依次单向联系,分区严格。

七、其他要求

消毒供应中心建筑布局的合理化,是保证医院消毒供应质量,杜绝交叉污染的工作基础。一般来说,消毒供应中心设计布局由第三方公司参与设计,但医院管理者以及建筑设计人员应详细了解消毒供应中心的空间布局要求,营造一个面积足够、通道便捷、利于院感防控的工作环境。

第九章
病 房

一般来说,外科、内科病房无特殊区别,空间排布基本相同,但略有不同,如外科病房会设置换药室,妇产科设置妇检室,眼科病房设置特检室等。另外,血液内科病房涉及洁净层流病房建设,应布局在环境安静的病区末端,但一般三级以上医院才会有相应的建设要求。要注意的是,各科室在建筑体的上下楼层排布应根据人流量而定,人流量较大、平均住院日短的科室应设置在建筑体低层,住院时间长、病情轻的科室设置在建筑体高层,以减少垂直转运的压力。感染病房的选址及布局有特殊的管理要求,设计时必须重视人流、物流的合理安排,针对使用功能不同的房间与感染性和传染性不同的疾病要求进行相对应的设计。

第一节 普通住院病区

随着社会的发展和人们生活水平的提高,病人、陪护人员及医护人员对病区环境提出了更高的需求。这促使我们在设计病区时需要用心布局,医疗用房、辅助用房、人流、物流、各种通道既要具有人文关怀,又要符合医疗及院感防控和消防的要求,还要理顺各功能用房之间的相互关系,设计出合理布局的病区空间。

一、医疗特点及要求

(一)病区属性

病区是住院病人诊疗、生活的空间,是临床科室相对独立管理的医、教、研工作场所。内、外科整体布局基本相同,每个病区收住的病人主要为一个或多个亚专科的病种。

（二）病区特点

（1）医院住院病房是医院建筑的重要组成部分，是集诊疗、生活、康复多重功能于一体的医疗单元，是病人较为集中的场所，也是病人在医院停留时间较长的地方。

（2）一般一个病区设计床位数在 45 张左右。在规划设计时，要满足医疗、病人生活所需以及医护人员办公、教学和休息的要求，就是既要在空间布局上做到医疗流程合理，又要体现对病人及医护人员的人文关怀。

（三）位置要求

各病区自成一区，设置病区主出入口及消防逃生和污物出口，应设在环境安静、交通方便的地方，与医疗核心区、门诊和急诊中心（科）的距离要短。

二、法规、标准、指南及其他

《医院感染管理办法》；

《综合医院建设标准》（建标 110—2021）；

《综合医院建筑设计规范》（GB 51039—2014）；

《中国医院建设指南》（第五版）。

三、相关占地大的医疗设备、医疗家具及特殊要求

主要有临床使用的各种转运车、治疗车、抢救车、护理车、病床、储物柜、床头柜、陪护人员椅、临床治疗和工作相关的柜子及办公桌椅、会议桌椅等。

四、规模及功能用房

根据《综合医院建设标准》，住院病房面积占医院总建筑面积的 37％～41％。各专科病区建设规模应根据医院属性、学科数量及能力、病人收治情况等因素综合考虑。常规普通病区一般可划分为医疗用房和医疗辅助用房两部分。医疗用房包括护士站、治疗准备室、普通病房、VIP 病房、抢救监护室；医疗辅助用房包括医生办公室、值班室、主任办公室、护士长办公室、更衣室、示教室、普通库房、耗材库、仪器间、医疗废物间、污物污洗间、职工卫生间、新风机房、洗衣间、工人间等。在规划设计各功能用房布局时，要充分考虑各用房相互之间的关系，以病人为中心，兼顾医护人员工作流程（如图 9-1 所示）。

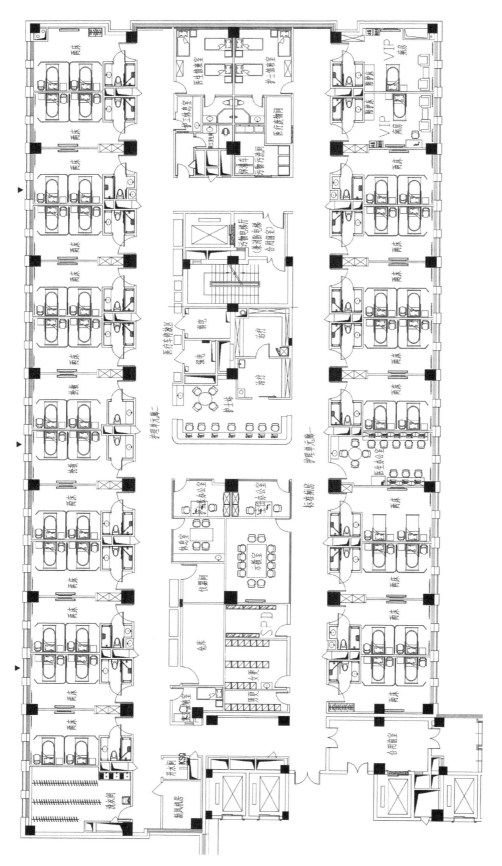

图 9-1　双通道病区（两侧为病房，中间为办公区）

五、平面功能布局

(一)医疗及辅助用房

(1)护士站。护士站是一个病区的中心,主要功能为入院登记、咨询、信息录入、处理医嘱、接收病人呼叫信号等。护士站应规划设计在整个病区的中心位置,使医护人员能够便利、快速地到达各个病房,方便对病人的护理,并减少医护人员特别是护士来回行走的距离。护士站内可合理设置物流站点和抢救车、治疗车停放区,护士站应与治疗准备室相连。

(2)治疗准备室。在护士站旁设置治疗准备室,面积一般在 $20\sim30m^2$,用于治疗前的准备工作。治疗准备室内配置治疗操作台、药柜、无菌物品存放柜、危化品柜、保险柜、冰箱、空气消毒设备。有集中静脉用药调配中心的医院可减少面积,无集中静脉用药调配中心的医院则需相应增加面积。

(3)普通病房。根据《综合医院建筑设计规范》的要求,住院病房病床的排列应平行于采光窗墙面,单排不宜超过 3 张床,双排不宜超过 6 张床;平行的两床净距不应小于 0.8m,靠墙病床床沿与墙面的净距不应小于 0.6m;单排病床(床端)通道净宽不应小于 1.1m,双排病床(床端)通道净宽不应小于 1.4m;病房门应直接开向走廊;病房门净宽不应小于 1.1m,门扇宜设观察窗。上述要求从目前来看显然有些拘谨,随着生活的改善,百姓对住院环境的要求越来越高,在设计病区时,多增加几个病房,对造价增加不大,但对病人的感受大不一样。需要指出的是,有的设计师将公共区域面积设计得很大,而在病房面积上又按最低要求设计,粗看豪华气派,但病人、陪护人员及医务人员不方便。病房内应合理配置医疗家具,每张床配置一个床头柜和一把陪护人员椅,两床之间设活动隔帘(如图 9-2 所示),一般在进门的隔墙内配置一个储物柜,供病人用。病房进门口设置卫生间,一般在 $4m^2$ 左右,做好干湿分离。

(4)VIP病房。VIP病房的设置是为住院患者提供更加舒适的住院环境,VIP病房通常为单人间或双人间,除了病房常规配置,需合理设置家属陪护区域,需更多的空间及相应家具。

(5)抢救监护室。抢救监护室通常邻近护士站,一般在护士站的对面,方便护士观察和护理。通常设置 4~6 张病床,像外科、呼吸科、神经内科及心血管内科则需要更多的监护抢救床位。除配备普通病房基本设施以外,需要更大的空间以方便抢救。

(6)普通库房。供病区存放被褥及一般消耗品,面积在 $20m^2$ 左右。

(7)耗材库。放置常规医用耗材,面积在 $10\sim15m^2$。

(8)仪器间。放置相关检查设备和仪器,面积在 $15m^2$ 左右。

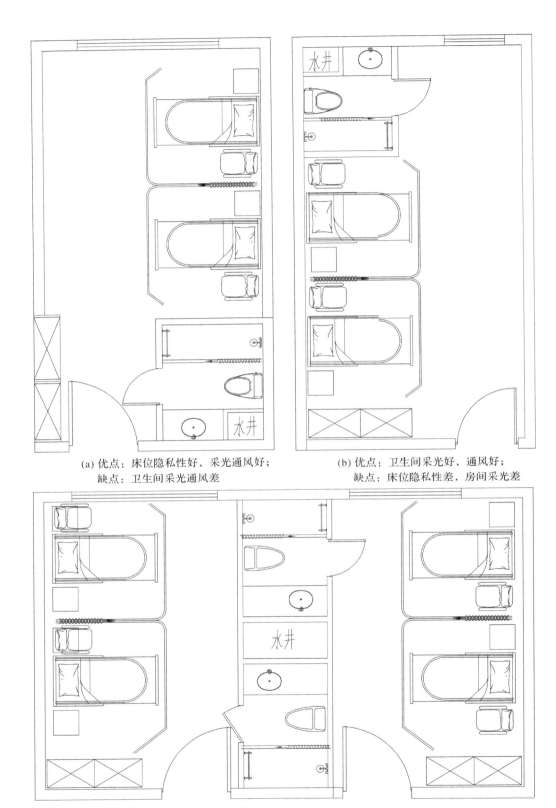

(a) 优点：床位隐私性好，采光通风好；
　　缺点：卫生间采光通风差

(b) 优点：卫生间采光好，通风好；
　　缺点：床位隐私性差，房间采光差

(c) 优点：使用面积大，采光好，通风好；
　　缺点：床位隐私性差，临病房入口处的卫生间采光通风差，厕所开门处床位的病人受干扰较大

图 9-2　三种病房布局的优缺点

（9）污物污洗间。面积一般在 10～12m² 。

（10）医疗废物间。一般设置在人员流动少的病区一端,面积在 6～8m² ,一般在污物污洗间隔壁,并邻近污物电梯。

（11）更衣室。男、女更衣室设置在病区入口处,配备衣柜、鞋柜、穿衣镜等。一般男更衣室在 6～8m² ,女更衣室在 14～18m² 。

（12）医生办公室。医生办公室邻近护士站,配备必要的办公设施和诊疗辅助用具,包括办公桌椅、电脑、打印机等。面积一般在 25m² 左右。

（13）主任办公室及护士长办公室。面积分别为 10m² 左右,配备办公桌椅、电脑、书柜等。

（14）示教室。示教室应邻近医生办公室,面积一般在 20～25m² ,配备会议用桌子和椅子、多媒体设备等。用于病区会议、学生示教、健康宣教、家属谈话等。

（15）值班室。值班室是医护人员值班休息的用房,医生、护士值班室分开设置,面积在 20m² 左右,一般设置于病区末端房间,配备独立卫生间。房间内设置多张双层床,配备储物柜等。

（16）洗衣间。为住院病人提供洗衣、晾衣的场所,配备洗衣池和干衣机,面积根据病区设置大小而定,一般在 20～25m² 。

（17）工人间。为工人提供休息的场所,面积在 4m² 。

（18）新风机房。设在偏僻区,面积在 10～12m² ,取风口设在室内,机房内不允许放置任何物品,空气经纱窗过滤后进入室内。

（19）职工卫生间。为职工专门使用的卫生间,面积 4～6m² ,可男女合用。

（二）通道及流程

病区通道常规布局有一字条形设计、H 形设计或 h 形设计。一字条形设计即整个病区为一条走廊,作为主要通道,各功能用房分布在两侧,这样的布局结构简单,节约公共面积,每个房间都能获得好的朝向及自然通风采光,但是过于狭长。H 形设计是将病房沿两边布置,各医疗用房及辅助用房设置在中间位置,有利于缩短医疗、护理路程。h 形设计是将医疗用房和辅助用房布置在护士站后部,局部双走廊,部分单走廊。h 形设计医疗用房、辅助用房自成一体,互不干扰,且与护士站联系直接方便(如图 9-3 所示)。

要合理设计流线,分离不同的人流、物流,最大限度地减少各种干扰和交叉感染。医护流线是医护人员通过职工电梯进入病区,到更衣室,再到各办公房间或其他用房;患者流线是患者乘主要电梯到达病区,从病区主出入口进入,再到病房;废物、污物流线是废物、污物从病区各个房间到医疗废物间、污物污洗间,再从污物电梯外送。

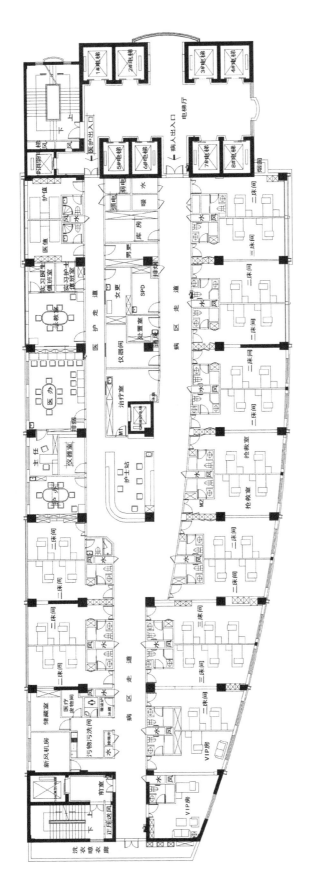

图 9-3　h 形设计的病区，医护人员环境相对独立

六、院感要求

病区内病房、治疗准备室等各功能区域内的房间应合理布局。新风设备应符合感染防控要求,在相对独立的房间,周边无污染源,最好经纱窗后在独立室内取风。

第二节　特殊住院病区

医院内、外科病区的分布基本相同。有些病区由于医疗特点在平面布局上与普通病区略有不同,这就要求我们在布局病区平面时不能一概而论,应根据专科的要求进行差异化设计,为相关专科病区正常医疗运行提供环境保障。

本节主要以妇产科、眼科、耳鼻咽喉科、血液内科病区为例描述特殊住院病区的布局。

一、妇产科病区

规模较大的综合医院可按照医院学科特色及发展规模要求,将妇科病区与产科病区分开设立。

(1)妇科病区基本与外科病区一致,但需设置妇科检查室和治疗室等用房,面积分别在 $12\sim15\mathrm{m}^2$。

(2)产科病区布局与外科病区不同,产科病区的服务人群主要为产妇,产妇的住院流程具有一定特殊性,这就要求病区平面设计与其他病区设计具有差异性。

①规模不大的综合性医院产房常与产科病房设在一起,有利于母婴安全。为保证洁污分流,产房一般多采用内走廊式结构。

②除产房外,产科还需设置产检室、换药室等用房,另外,需设置婴儿室,婴儿室邻近分娩室,包括婴儿间(包括隔离婴儿间)、洗婴池(包括隔离洗婴池)、配奶室、奶具消毒室等,布局及面积根据医院产科规模和需求而定。

二、眼科病区

眼科的特点是专科检查设备多,所需功能检查房间也相对增多。眼科病房布局设置基本同外科病区一致,但需增加独立设置的暗室、检查室、测视区、治疗室及换药室。

(1)暗室。眼科病区检查一般需要暗室,设置在换药室附近,面积在 $10m^2$ 左右。

(2)检查室。眼科检查设备众多,但是设备体积不大。检查室面积在 $15\sim20m^2$ 可满足各类检查要求,一般设置在护士站附近。

(3)测视区。可利用局部的走廊进行设计,长度一般大于5m,区域面积在 $8m^2$ 左右。

(4)治疗室。按照标准布局配置,配置治疗床、洗手盆及柜子,面积在 $15m^2$ 左右。

(5)换药室。换药室配备治疗床、储物柜、洗手盆、椅子,面积在 $15m^2$ 左右,有的医院治疗室与换药室合并。

三、耳鼻咽喉科病区

耳鼻咽喉科病区诊治耳、鼻、咽、喉等疾病,属于外科系统,基本按照外科病区设计,但大的综合性医院常在病区设置鼻内镜室,面积在 $15\sim20m^2$。

四、血液内科病区

血液内科是诊治血液、骨髓、淋巴系统疾病的科室,病区布局除按照普通内科病房布局外,应根据医院能力为骨髓移植病人和化疗病人设置洁净层流病房,洁净层流病房在病区里自成一区。

(1)洁净层流病房应该远离污染源,宜设置在环境安静的病区末端,独立布置。

(2)洁净层流病房入口处应设换鞋、更衣通道。洁净层流病房一般一位患者一间,其治疗房间数根据血液内科规模和能力而定,三甲医院一般要求百级两间以上,千级三间以上。在病房入口处设第二次换鞋、更衣处。

(3)淋浴室,病人住进洁净层流病房前在淋浴室内进行药浴,清除和杀灭病人体表皮肤、毛发、指甲中的细菌。

(4)护士站及治疗室,洁净层流病房区域内设置小型护士站及治疗准备室。

(5)探视走廊,由于患者在病房的治疗时间往往较长,一般需要半个月到两个月,容易产生焦虑情绪,在病房一侧设置探视廊或探视室(可视频探视),让病人和家属面对面交流,有助于释放压力,利于疾病康复。

随着医疗技术发展及专科能力的不断提升,对医疗环境、专科平面及立体设计的要求越来越缜密。不同专科的具体要求也不同,建筑设计师需要进行足够的了解并与相关医学专家沟通。

第三节 感染(传染)楼(病区)

感染性和传染性疾病对人类的生存一直存在严重的威胁,如非典型性肺炎、甲型 H1N1 流感,特别是新型冠状病毒肺炎在全球蔓延对人类的生活及生命造成严重的影响。随着交通的高度发达,传染病的流行也变得越来越全球化。伴随着管控理念的进一步提升,综合性医院设置独立的感染楼是必然要求。所以,综合性医院新建或老院区改造过程中一般都会考虑感染楼(病区)的建设,要设计出既符合各种传染病防控要求,又能保护医护人员安全,且可应对甲类传染病和大规模暴发的参照甲类管理的乙类传染病的感染楼。

一、医疗特点及要求

(一)科室属性

感染楼属于内科范畴,《中华人民共和国传染病防治法》将发病率较高、流行面较大、危害严重的 39 种急性和慢性传染病列为法定管理的传染病,并根据其传播方式、速度及其对人类危害程度的不同,分为甲、乙、丙三类,实行分类管理。特别要说明的是,《国家卫生健康委员会公告》(2020 年第 1 号)将新型冠状病毒感染的肺炎纳入《中华人民共和国传染病防治法》规定的乙类传染病,并采取甲类传染病的预防、控制措施。

(二)科室特点

(1)根据传染病流行传播的三角形关系,在病原、宿主、环境这三个方面切断传染链,控制疾病。

(2)科室内部医护人员及病人严格防护分区,严格设置人流、物流的清洁与污染路线流程,采取安全隔离措施,防止交叉污染和感染。

(3)各种流程需要科学规划,食物、药品、耗品运送分发,污染物收集,污水排放处理等都需要详细规划设计。

(4)需要一定数量的负压病房,在呼吸道等相应传染病流行期间,病人大多吸氧量大,所以氧气管道要有足够余量。

(5)在疫情流行期间,甲、乙类传染病需要在感染楼内进行隔离治疗,而平时需要对一些耐药性、自然疫源性疾病进行诊断、治疗和相应性隔离。

（6）社会对感染性及传染性疾病有恐惧心态，在医院运行中有许多环节需要缜密思考。

（7）需要独立建楼，能隔离普通人流，条件许可要配备专用手术室、分娩室及CT检查室等。

（三）位置要求

感染楼建设需要思考的问题与传染病医院差不多，要把对附近环境的影响考虑在内。一是需要考虑和其他医疗楼群之间的方位以及距离，感染楼必须与其周围建筑拉开隔离距离，与院内其他建筑有缓冲距离；二是要对医院所在的水文以及地质的情况有必要的了解，特别是主导风向的问题，感染楼应位于医院区块下风口位置，但不能建在地势低洼地带。

二、法规、标准、指南及其他

《中华人民共和国传染病防治法》；

《医院感染管理办法》；

《医院隔离技术标准》（WS/T 311—2023）；

《医院消毒卫生标准》（GB 15982—2012）；

《卫生部关于二级以上综合医院感染性疾病科建设的通知》（卫医发〔2004〕292号）；

《新冠肺炎应急救治设施负压病区建筑技术导则（试行）》（国卫办规划函〔2020〕166号）；

《浙江省新冠肺炎疫情防控技术指南第3部分：医疗机构》（DB33/T 2241.3—2020）；

《中国医院建设指南》（第五版）。

三、相关占地大的医疗设备、医疗家具及特殊要求

感染楼病区除配备一般病区的基本设施外，根据条件及需要应配备移动DR系统、CT机、超声仪、呼吸机、手术室设备等。

四、规模及功能用房

感染楼的建设规模应该依据医院的病床数量及所服务辖区的人群数量等因素进行综合考虑后确定。以浙江省实际开放床位在2000张、地区服务人群为250万人的综合性医院为例，根据《浙江省卫生健康委办公室关于编制重大卫生建设项目储备库（2020—2022年）的通知》要求，城镇按每万人配置1张，农村按每万人配置0.5张的标准设置床位。医院应新建或扩建感染楼（设置约170张床位），可建一幢单体建筑为4层的楼房，原则上不建地下室，规划建筑面积为7000m²左右，占地面积为1700m²左右（如图9-4所示）。

图 9-4　感染楼

感染楼的规划设计必须重视人流、物流的科学合理安排，针对使用功能不同的房间和不同的传染途径采取相对应的隔离措施。三区两通道是感染楼的标配，三区即污染区、半污染区与清洁区，两通道是指医务人员通道和病人通道。在此前提下，采取"平疫结合"的战略定位，对感染楼的建筑设计提出新思维和新要求，即"平时好用，疫时能用"原则。

（1）清洁区。将凡不与病人直接接触，未被病原体污染的区域定义为清洁区。本区域主要为医务人员工作活动的区域，主要的功能房间包括值班室、更衣室、沐浴间、洁净库房等，应确保不被污染。通过管控通道、缓冲区以及空气供应系统的正负压等方式与半污染区进行隔离，保证清洁区的洁净无污染。

（2）半污染区。将凡有可能被病原体污染的区域定义为半污染区。主要的功能房间包括医务办公室、护士站、治疗室等。本区域需要和污染区联系的空间均设置缓冲区，如医务走道与病房之间设置了缓冲区，药品、饮食等需通过传递窗送至病房内。

（3）污染区。将凡被病人直接接触，被病原体污染的区域定义为污染区。主要包括病房、病区走道、污物间、污洗间及病人使用的电梯等。

感染楼（病区）主要特殊用房有负压病房和手术室等，必须要按相关要求进行设置，其他功能用房与普通病区相似，楼内的手术室则按照标准手术室配置。

五、平面功能布局

(一)医疗及辅助用房

(1)负压病房。感染楼设计一定数量的负压病房。负压病房建议设在一楼,每间面积在 $25m^2$,主要用于甲类及参照甲类管理的乙类传染病患者中需要气管插管和气管切开的危重患者。负压病房可利用地面设计各类出入口,包括患者出入口、医疗污废物出口、医务人员出入口及清洁物品和配餐的进口,利用外围地面可以节约建筑成本并简化设计。负压机组分为两组,可根据情况开启,在患者不多时处在常压状态,可节约运行成本。一旦有需要,即可启动负压设备,接纳重症患者。

(2)普通隔离病房。普通隔离病房设置和普通病区病房设置一致,疫情防控期间收治轻症病人,平时收治各类肝炎、HIV 和其他传染病患者,也收治耐药细菌感染和自然疫源性疾病患者。特别是耐药细菌感染中的耐甲氧西林金黄色葡萄球菌(MRSA)、耐碳青霉烯鲍曼不动杆菌(CRAB)、耐碳青霉烯铜绿假单胞菌(CRPA)、耐碳青霉烯肠杆菌科细菌(CRE)和耐万古霉素肠球菌(VRE)等常见多重耐药菌的感染患者,应进行相对隔离和治疗。重大呼吸道传染性疾病流行时,要动用普通感染病房,进行"平疫"快速转化,即对病区相应的通道进行相应分隔,并加上相应的门,护士站与内走廊之间加传递窗,构成符合要求的三区两通道,实现"平疫"快速转化,平时收治普通感染病人,避免闲置(如图9-5所示)。

(3)其他辅助用房,如值班室、更衣室、示教室,同普通病区一致。

(二)通道及流程

"平疫"转换后,医护人员与病人使用不同通道。医护人员使用医护人员通道(清洁区)及病区内走廊(半污染区),医护人员进出工作区必须经过一次更衣、二次更衣。

(1)医护人员通道。医护人员换衣进入病区通道及更衣流程。医护人员、工作人员及洁净物品从洁净电梯进入,医护人员换衣后从洁净区进入半污染及污染区,过几道缓冲门。医护人员到病区具体流程:进入一般更衣室(男女共用)—脱外套后实施手卫生—戴口罩、帽子—进入缓冲区(男女分开)—路径1/路径2。

入病房路径:换专用服—穿防护服—戴护目镜—戴双层手套—穿鞋套、手卫生—按指定路线经过缓冲区(护士长办公室)—进入污染区(如图9-6所示)。

出病房路径:离开污染区—缓冲区(护士长办公室)—手卫生—脱外层手套、护目镜、防护服、内层手套、鞋套,每脱一步都要进行手卫生(如图9-7所示)。

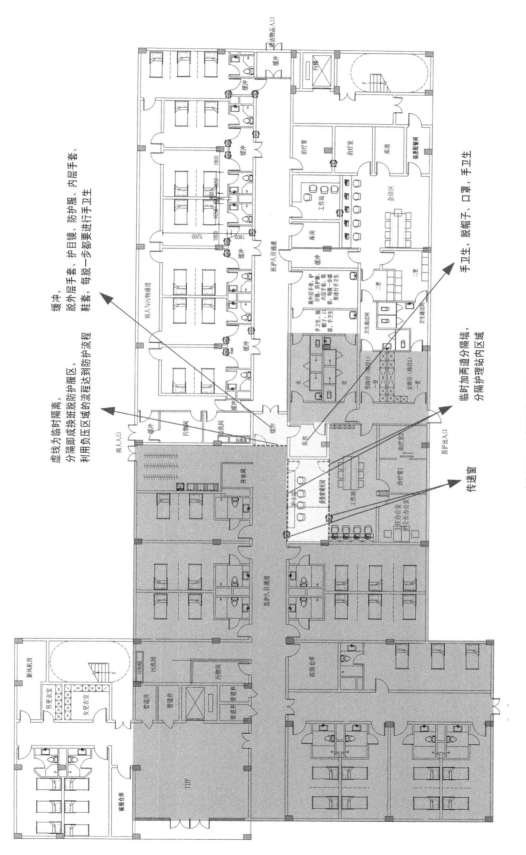

图 9-5　感染楼布局

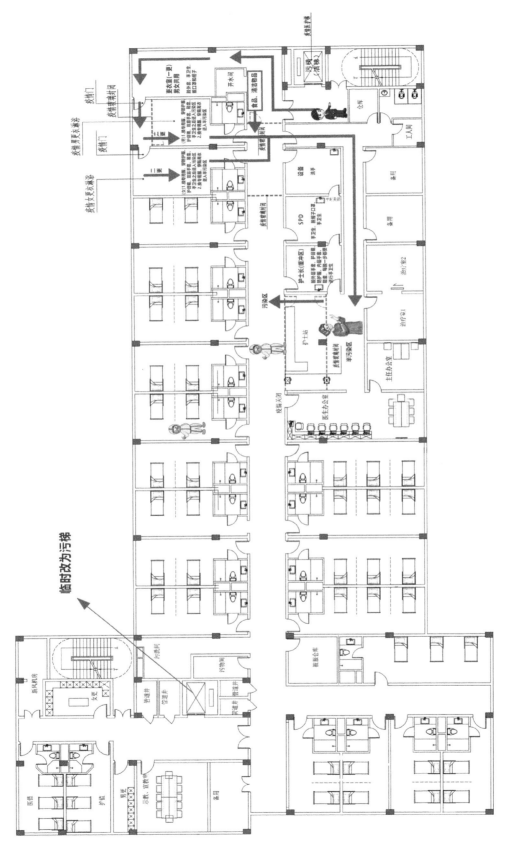

图 9-6　感染楼重大疫情期间医务人员进入病区流程

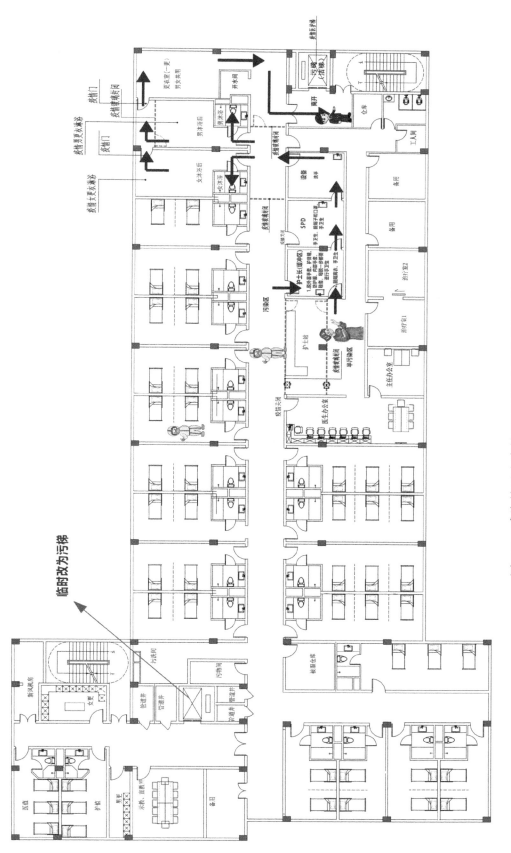

图 9-7 感染楼重大疫情期间医务人员出病区流程

（2）洁净物品通道。清洁药品、食物可以与医护人员共用通道，并通过病区内走廊与各个病房间设置的双门密闭传递窗传送至病房。

（3）病人与污物通道。病人进出病区通过病人通道。病人污物及其他污染废弃物则由病区病房收集密封，经污染通道送至污物间集中，再转运至焚烧炉或医疗垃圾集中处置中心焚烧处理。

六、院感要求

由于感染楼建设在综合性医院中的特殊性，其设计方法与普通传染病医院相比，在设计原则上既有相同点又有其特殊要求。根据"平疫结合，有效利用"的原则，收治甲类及按甲类管理的乙类传染病患者须采用三区两通道的病房结构和流程。而普通感染性疾病患者的收治则无特殊要求，设计时预留相应通道，平时按普通病房使用，疫情时临时调整结构，构建临时性三区两通道的病房。

七、其他要求

（1）感染楼设计布局要明确功能分区，明确洁污分区与分流，重视治疗区内患者诊疗活动区域与医务工作人员工作区域的整合及划分，降低交叉感染概率。

（2）感染楼要合理规划楼层布局，有良好的自然通风、自然采光。开窗通风可以有效促进室内和室外空气对流，减轻室内空气污染。

（3）综合医院感染楼（病区）的设计按照"平疫结合"的思路来设计，是个复杂的过程，需要反复斟酌和思考。整个设计思考中要强调以综合性医院感染楼（病区）的日常实际使用为主，以"平疫结合"为原则，一旦有需要时，稍加分隔，医院感染楼（病区）即可成为符合三区两通道要求的病房。

第四节　重症监护病房

重症监护病房（ICU）又称重症加强治疗病房，是医院集中监护和救治重症病人的专门科室，是抢救重症病人的主战场。随着医学的发展，人们对 ICU 的床位、院感等的要求越来越高，对重症负压病房的建设也提出了新要求，这也是设计人员和医院管理者需要关注的内容。

一、医疗特点及要求

（一）科室属性

（1）ICU作为医院独立的一级临床科室进行建设和管理，床位向全院开放，集中收治各种重症患者或具有潜在高危风险的患者，及时提供全面、系统、持续、严密的监护和救治。

（2）大型医院的ICU可分为外科重症监护病房（SICU）（如图9-8所示）、内科重症监护病房（MICU）（如图9-9所示）、急诊重症监护病房（EICU）等（如图9-10所示）。专科ICU主要包括烧伤重症监护病房（BICU）、心脏重症监护病房（CCU）、呼吸重症监护病房（RICU）、肾病重症监护病房（UICU）、新生儿重症监护病房（NICU）（如图9-11所示）、产科重症监护病房（OICU）、儿科重症监护病房（PICU）、麻醉重症监护病房（AICU）、移植重症监护病房（TICU）等，医院一般根据专科的强弱设科。小型医院的ICU常为全院综合性的，内科、外科及急诊共同使用。

（二）科室特点

（1）医院内科、外科、急诊等的ICU都为独立部门，有独立的位置和区域要求，也有独立的运行体系，而心脏科、呼吸科等的监护病房常常整合在各自的科室。

（2）重症病人常常需要气管插管，常有MRSA、CRAB、CRPA等耐药菌的发生和院感病人，院感管控要求高。

（3）为了防止院感的发生，单间或双间ICU病房是未来的发展趋势。

（4）医、患可单通道（医、患共用通道）或双通道（医、患通道分开）、污物单向通道，各种附属用房要求齐全。

（5）对空气净化无硬性要求。

（三）位置要求

ICU的位置应方便重症患者的转运。如SICU应邻近手术室，另外医学影像科、检验科和输血科（血库）等也要邻近，方便重症患者的转运、检查和治疗。

二、法规、标准、指南及其他

《中国医院建设指南》（第五版）；

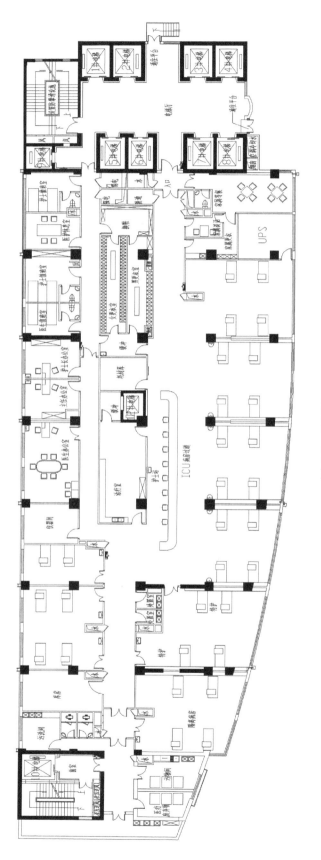

图 9-8 SICU

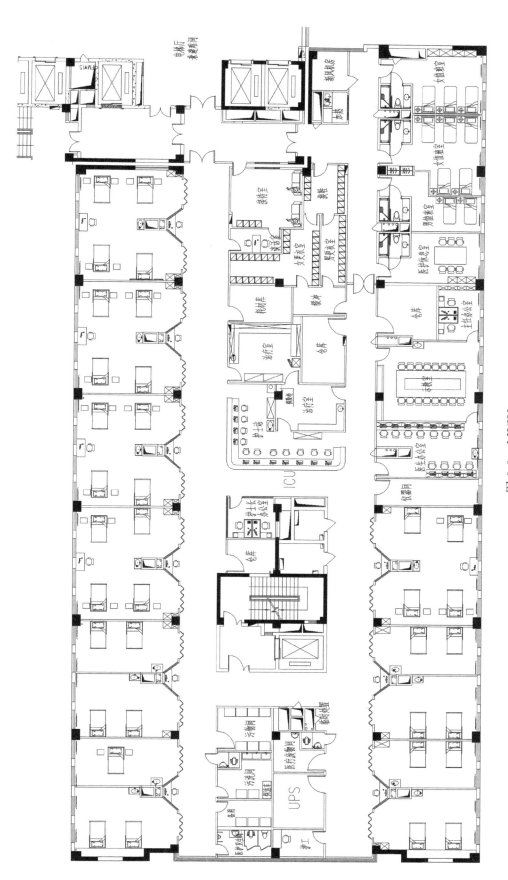

图 9-9 MICU

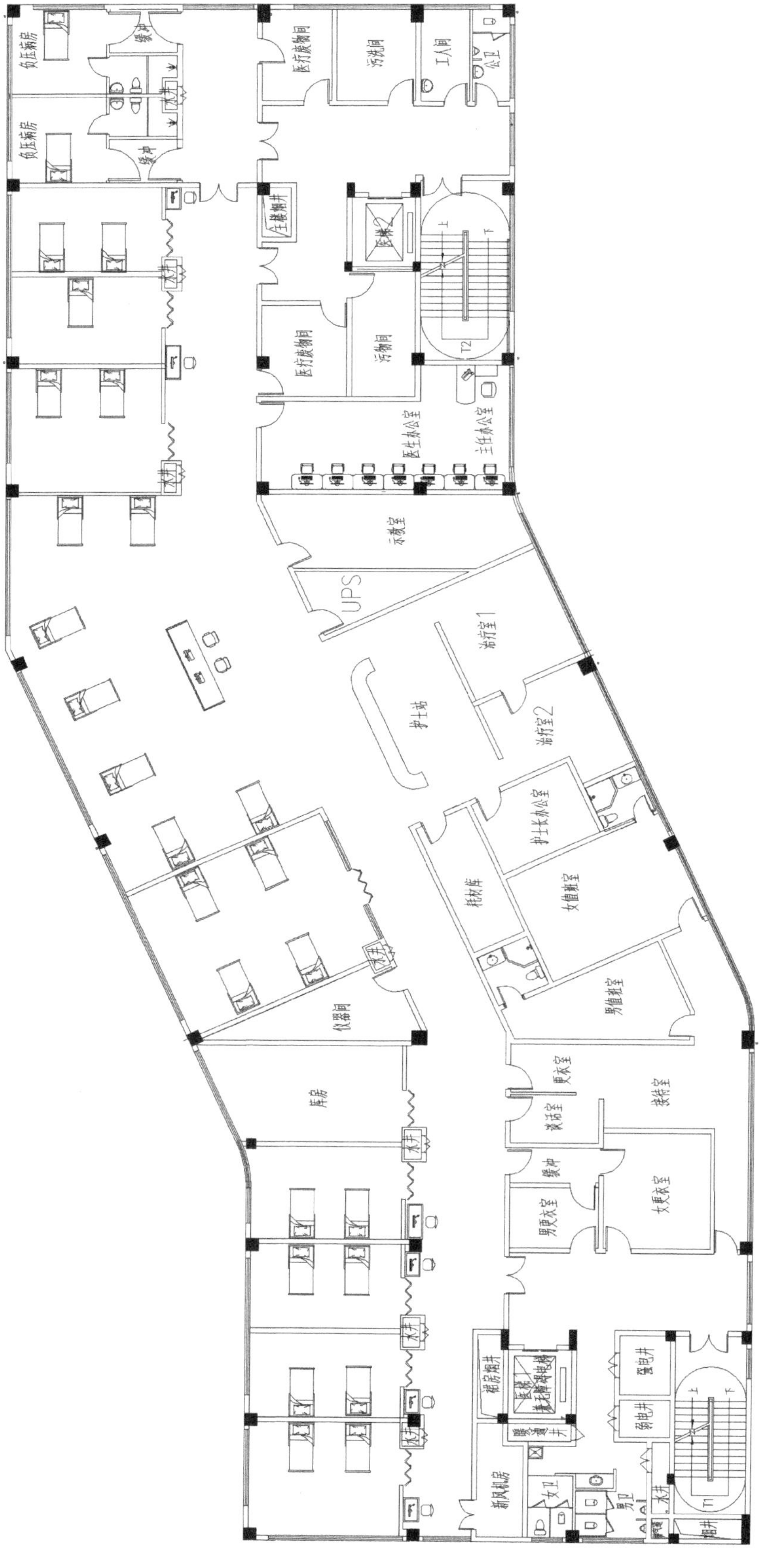

图 9-10　EICU

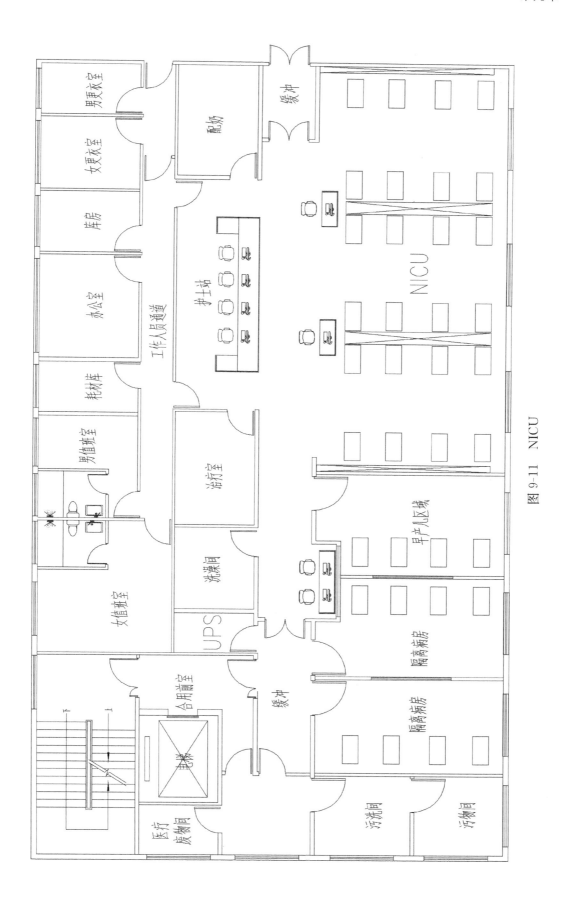

图 9-11 NICU

《中国重症加强治疗病房建设与管理指南》；

《医院隔离技术标准》（WS/T 311—2023）；

《医院感染管理办法》。

三、相关占地大的医疗设备、医疗家具及特殊要求

根据《中国重症加强治疗病房建设与管理指南》，ICU 必配设备如下。

（1）每张床配备完善的功能吊塔或设备带及功能架，提供电、氧气、压缩空气和负压吸引等功能支持。每张监护病床装配电源插座 12 个以上，氧气接口 2 个以上，压缩空气接口 2 个和负压吸引接口 2 个以上。医疗用电和生活照明用电线路分开。

（2）应配备适合 ICU 使用的病床，配备防褥疮床垫。

（3）每张床配备床旁监护系统，进行心电、血压、脉搏、血氧饱和度、有创压力监测等生命体征监护。为便于安全转运病人，每个 ICU 至少配备便携式监护仪 2 台。

（4）三级医院的 ICU 应该每床配备 1 台呼吸机，二级医院的 ICU 可根据实际需要配备适当数量的呼吸机。每张床配备简易呼吸器（复苏呼吸气囊）。为便于安全转运病人，每个 ICU 至少应有便携式呼吸机 2 台。

（5）输液泵和微量注射泵每张床均应配备，其中微量注射泵每张床 2 套以上。另配备一定数量的肠内营养输注泵。

（6）其他设备有心电图仪、血气分析仪、除颤仪、血液净化设备、连续性血流动力学与氧代谢监测设备、抢救车（车上备有喉镜、气管导管、各种接头、急救药品以及其他抢救用具等）、体外起搏器、连续性血液净化设备、体外膜氧合器、纤维支气管镜、电子升降温设备等。

（7）ICU 必须配备的设备还有床边 B 超及 DR 系统等。

四、规模及功能用房

根据《中国重症加强治疗病房建设与管理指南》，ICU 的病床数量根据医院等级和实际收治病人的需要，一般以各 ICU 总病床数对应医院病床总数的 2%～5% 为宜，床位数也可根据实际需要适当增加。床位使用率以 65%～75% 为宜，如大于 80% 则表明 ICU 的床位数不能满足医院的临床需要，应该扩大规模，尽量每天至少保留 1 张空床以备应急使用。

重症监护病房按照用房功能分为医疗区和辅助区，主要功能用房有病房、护士站、治疗室、库房、仪器间、耗材库、UPS 间、更衣室、缓冲间、办公室、值班室、医疗废物间、污物间、污洗间、接待室、谈话室等。

五、平面功能布局

(一)医疗及辅助用房

(1)缓冲间。如条件许可,最好设置缓冲间。缓冲间设立于 ICU 入口区域,即非洁净区与洁净区之间,人员或物料自非洁净区进入洁净区时,要通过缓冲间。根据实际平面条件,缓冲间的设立形式可以是单独的空间区域或一段走道。

(2)更衣室。医护人员经过换鞋、更衣后方可进入监护病房,更衣室一般设立于病区的医护入口附近,男、女分设,女大男小,一般女更衣室需 20~30m²,男更衣室在 10m²。但最终需根据 ICU 的床位数而定,床位数越多,医护人员越多。

(3)病房。病房根据医院要求可分别设置开放式病房、单元式病房(单间或多人间病房)和隔离病房。国内 ICU 一般采用开敞式大间布置方式,国外多数医院则设置单元式病房,以2~4 张床位组成一个护理单元。ICU 病房因危重病人居多,发生交叉感染的机会也相应增加,严重感染、传染、服用免疫抑制剂及需要多种仪器监测治疗的病人应与其他危重病人相对隔离,因此,ICU 病房应设置多间相对独立病房及隔离病房。

①开放式病房。开放式病房由病床及床边护理空间和走道空间组成。床边护理空间需要容纳病人生命支持和生命体征监控所需的设备,以及医护人员诊治的空间。病床床尾或床侧预留可移动护士站、记录台的位置,方便实时病历记录。开放式病床的间距应符合院感要求,保持合理的间距。走道空间需要容纳病床、可移动设备、医用推车、医护人员、探视人员的通行,一般床之间的距离宜为 1.8m 以上。

②单元式病房。类似于普通病房,比开放式病房更注重病人隐私保护及院感防控。每间病房的床位数一般为 1~4 张。

③隔离病房。是 ICU 特殊的病房类型,大多数医院隔离病房只是空间的相对分割。近年新型冠状病毒肺炎疫情的暴发,对 ICU 的负压病房提出了新要求。根据气压要求,隔离病房分为正压隔离病房和负压隔离病房,或根据医疗需求在重症监护单元中设置正负压转换病房。负压隔离病房采用动态隔离方法,在病房外增加缓冲室。隔离病房单人间(不含辅助用房)的使用面积不宜小于 15m²,缓冲间应便于医用推车和普通医疗设施的进出,面积不宜小于 6m²。

(4)护士站。一般总护士站设置在病区内适中位置,使护士的视线通畅,便于直接观察病人。各分护士站可结合病房设置,可同时监护两个房间。护士站设在便于观察和处理病情的地方(如图 9-12 和图 9-13 所示)。

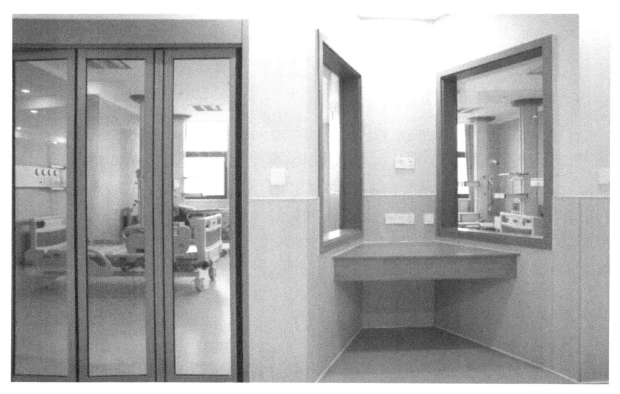

图 9-12　ICU 护士站 1

图 9-13　ICU 护士站 2

（5）治疗室。即治疗准备间,常设于总护士站附近,便于护士进行配药、准备器械等工作。室内装备包括器械柜、操作台、药品柜、危化品柜、冰箱、洗手盆等。

（6）库房。用于存放被服等物品,面积在 $20m^2$ 左右。

（7）仪器间。存放医疗器械和其他设备,面积在 $20m^2$ 以上。

（8）耗材库。用于储存一次性医疗耗材,面积在 $15m^2$ 左右。

（9）办公室。根据医务人员的数量配备办公桌、电脑、病历柜等办公用品。有条件的可分设主任办公室、护士长办公室、护士办公室等。办公室面积根据人员多少而定,一般在 $20\sim25m^2$。

（10）示教室。示教室面积在 $25m^2$ 左右。

（11）医护休息间。供医护人员临时用餐和临时休息使用,面积在 $15m^2$ 左右。

（12）值班室。根据前后夜班的值班人数设置面积及床位数,护士、医生值班室分设。男值班室在 $12\sim14m^2$,女值班室在 $20\sim30m^2$。

（13）接待室。家属和陪护人员前往探视或与医生交流前所使用的等候空间,一般设置于邻近重症监护室主入口的位置,设置独立房间或沿公共走道布置等候座椅。面积在 $20\sim30m^2$。

（14）谈话室。重症监护室需要配置谈话室或病人家属谈话空间。谈话室一般邻近家属接待室设置,面积在 $6\sim8m^2$。

（15）UPS 间。面积在 $15m^2$ 左右,USP 产热大,房间应有窗户且通风效果好。

（16）医疗废物间、污物间及污洗间。医疗废弃物暂存于医疗废物间,污物间用来暂时存放医疗污物和生活垃圾等,污洗间是保洁清洗的地方。医疗废物间在 $8m^2$ 左右。ICU 污物较多,污物间、污洗间的面积分别在 $15m^2$ 和 $8m^2$ 左右。

（二）通道及流程

（1）医护人员设有专门通道,医护人员应换鞋、更衣后进入医疗区和医疗辅助区,工作结束后原路退出。

（2）病人通过缓冲间进入治疗区,隔离病人需通过隔离前室进入隔离病房,隔离单间最好设置独立出入口,但实际设计时有难度。

（3）病人家属在接待室等候,接到医护人员通知后,在家属谈话室完成谈话签字程序。病人家属可在视频探视间或探视走道完成探视。

六、院感要求

ICU 常常发生院感,特别是耐药菌感染,所以要加强医院感染管控,严格落实洁污分流、污物单向流。隔离病房及负压病房的合理布局也是 ICU 院感防控的基本布局要求。

七、其他要求

（1）病房 ICU 电源要求双路供电，需配备 UPS 和漏电保护装置，最好每个电路插座都在主面板上有独立的电路短路器。

（2）ICU 的大流量氧气管道及呼吸机使用的正压气流，宜从医用气源处或主管道单独接出，管道系统的设计应保证冗余量，具备支路扩展能力。

第 十 章
体检中心

随着国民经济的发展和人们生活水平的提高，人们的健康意识不断增强，年度体检也成了许多人生活中的一部分，因此，人们对体检中心的环境、布局、流程要求也越来越高。一般来说，综合性医院有完善的设备配置、扎实的医疗技术和良好的口碑，无论是单位安排职工体检还是个人选择体检时，大多会选择大型综合性医院。但是国内许多医院的体检中心由于缺乏科学、系统的布置，整体环境一般，工作效率也低。大型综合性医院体检中心的管理，应以追求质量、高效、便捷、人性化为目标。

一、医疗特点及要求

（一）科室属性

综合性医院体检中心虽然属于医院医疗的一部分，但它是内科、外科、妇科等科室整合的部门，是一个合作团队。受检者的体检过程往往需要在多个连续的小区域中完成，大多数受检者希望快速、有序地完成整个过程，所以对体检中心功能科室设置及设计布局的要求较为细致，规划时需要反复斟酌。

（二）科室特点

（1）医院体检中心的服务人群大致可分为普通年度体检（包括 VIP、普通团队）、特殊团体体检（包括征兵、公务员招录）、特殊个体体检（如婚检等）三类。其中团体体检一般在短时间聚集大量人流，而个人体检的特点呈分散式，每天检查人数不定。

（2）体检的人流高峰主要集中在上午，下午主要以特殊检查为主。体检中心在高峰时段会出现局部的拥堵，导致受检者不满，因此在流线上要考虑交叉的体检流程。

（3）体检项目分餐前和餐后项目。体检项目中要求空腹完成的项目有生化、大部分的超声、增强 CT、MR 等。在饥饿状态下，受检者往往对等待不耐烦，为了减少餐前的等候时间，相关的 B 超检查室数量需要适度增加,另外,体检中心最好布置用餐场所。

(三)位置要求

医院体检中心选址应符合医疗机构设计规划,设置在交通便利、环境安静的区块。许多医院体检的放射检查项目与门诊病人检查共用,而大的体检中心往往有独立的大型放射设备,如 CT 机、DR 系统、乳腺钼靶机、X 射线骨密度仪等。但大多数县级医院是共用的,所以建议这一级别医院的体检中心靠近医院医技检查区。有条件的医院建议建独立的体检大楼,体检大楼应与医技区域邻近。

二、法规、标准、指南及其他

《综合医院建设标准》(建标 110—2021);

《综合医院建筑设计规范》(GB 51039—2014);

《健康体检管理暂行规定》(卫医政发〔2009〕77 号);

《中国医院建设指南》(第五版)。

三、相关占地大的医疗设备、医疗家具及特殊要求

体检中心按照体检项目配备相应医疗设备,一般检查室配备人体成分分析仪、超声身高体重仪、自动血压测量仪等;妇科检查室配备妇科检查床等;耳鼻咽喉检查室配备耳鼻咽喉综合检查台等;眼科检查室配备视力灯箱、眼科裂隙灯、眼底照相机、眼压计等;口腔科检查室配备牙科综合治疗椅等;放射科检查室配备 DR 系统、乳腺钼靶机、CT 机、MR 机、X 射线骨密度仪等;超声科配备多台彩超仪等;心电图室配备普通心电图仪和动态心电图仪;肺功能室配备肺功能仪;检验科会在体检中心配备临检常用设备,如自动血球分析仪、大小便检测设备、医用冰箱等。

四、规模及功能用房

医院体检中心在规划阶段应根据医院级别、区域服务人群以及医院自身的医疗资源和服务定位,合理规划不同规模的体检中心。根据《健康体检管理暂行规定》,体检科目至少包括内科、外科、妇产科、眼科、耳鼻咽喉科、口腔科、相关医学影像和医学检验,具有符合开展健康体检要求的仪器设备。根据《健康体检管理暂行规定》,独立的体检中心需具有相对独立的健康体检场所及候检场所,建筑总面积不少于 400m²,每个独立的检查室使用面积在 12~

16m²。一般来说,体检中心要保证流程的合理性、受检等待区域空间的宽敞、健康管理等项目的可扩展性,所以面积要求不小于 2000m²。体检中心的建筑平面布局要充分考虑功能区域划分、受检者群体划分以及局部性别区域划分。功能区域划分考虑流程的便捷性和人性化;体检按受检者群体划分为普通体检、VIP 体检和 VVIP 体检,根据受检者不同的要求提供不同的服务;局部性别划分主要是保护受检者隐私。

以一家服务人数较多的三级综合性医院体检中心建筑设计为例。如条件许可,设置独立体检中心楼,合理设置接待大厅、就餐休息区、设备检查区、体格检查区、办公区及 VIP 区域。接待大厅配备接待室、咨询室等;就餐休息区配备餐厅、咖啡厅、书吧等;设备检查区划分为采血室、体液接收室、检验室、B超室、心电图室、CT 检查室、DR 检查室、乳腺钼靶检查室、脑血流图室、骨密度检查室等;体格检查区包含一般检查室、听力检测间、眼科、口腔科、耳鼻咽喉科、内科检查室(区分男女)、外科检查室(区分男女)、妇科检查室等;办公区包含办公室、资料室、宣教室等;VIP 检查区域可以在所在区完成大部分的体检项目,即需要一套专用设备和流程。

五、平面功能布局

(一)医疗及辅助用房

(1)接待大厅。体检中心入口区设置接待大厅,接待大厅主要包括门厅、接待室、咨询室,其承担的作用包括咨询、项目选择、收费、人流集散、交流等功能。接待大厅是体检者首先接触的区域,代表体检中心的定位、形象和风格,因此接待大厅应该有较好的建筑空间和室内环境。接待大厅面积在 150~200m²。接待大厅的建设可以借鉴酒店等设计的处理手法,增加大厅的空间层次感,给受检者带来人文关怀(如图 10-1 所示)。

(2)设备检查区。设备检查区一般根据检查实际需要设计,在布局时要合理评估检查室的同时服务人数(性别区分要求)、功能、设备、家具分布等,据此设计适用的房间大小。体检中心使用的医疗设备主要为超声仪、心电图仪、放射设备等(如图 10-2 所示)。

①检验区域。包括采血室、体液接收室和检验室。采血室按照门诊标准进行设置即可。体液接收室紧挨卫生间前室或专用通道,便于体检者在卫生间前室把标本直接递往收集处。大多数受检者登记后习惯先采血,人多时常常比较拥挤,所以需要多设采血位,相互之间应分隔,保护隐私,如 8 人位采血室需 50~60m²。检验室一般仅完成三大常规等检查,生化等送至医院大生化区检查,所以面积在 40~50m² 即可。

②B超室。B超室面积一般在 16~18m²,检查室内配备检查床、B超诊断仪、助手办公桌、资料柜。可设置 6~8 间 B超室并留有余地。其中妇科相关 B超检查项目的检查室要相对独立。

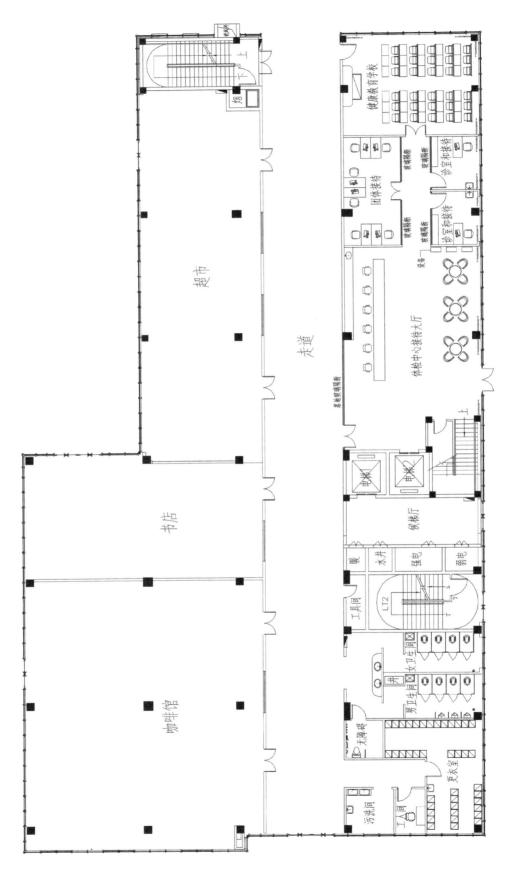

图 10-1 体检中心接待大厅

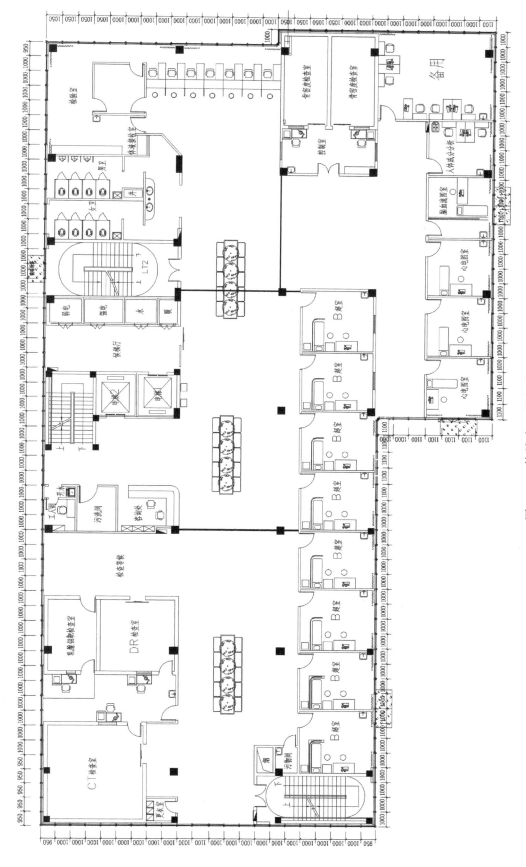

图 10-2 体检中心设备检查区

③心电图室。配置包括检查床、心电图仪和桌椅。建议面积一般在 $14m^2$，两间以上，男、女分别设置。

④DR 检查室。包含检查室、控制间两部分。DR 设备相对较大，检查室面积应不小于 $25m^2$，控制间宜不小于 $6m^2$。

⑤CT 检查室。扫描间面积在 $35\sim45m^2$，控制间面积在 $12m^2$。

⑥乳腺钼靶检查室。用于女性体检者的乳腺检查，钼靶机体形较小，检查室面积在 $15m^2$ 左右，控制室在 $6m^2$ 左右。

⑦骨密度检查室。包含检查室、控制室两部分。检查室面积在 $20\sim25m^2$，控制室面积在 $6m^2$。

⑧磁共振检查。体检区域一般不独立设置磁共振检查，可以使用医院放射科的 MR 机。

（3）体格检查区。体检中心还常常接待大型普通团体体检和特殊团体体检（如征兵体检、公务员体检、高考体检等），因此，必须具备较强的扩增性，可预留若干房间以应对特殊情况下突增的体检人流（如图 10-3 所示）。

①一般检查室。身高、体重、血压测量，无特殊要求，可男、女通用，面积在 $25m^2$ 左右。

②听力测试间。面积在 $25m^2$ 左右。

③内科检查室。需要两间以上，主要针对心脏、肺部、腹部、肝脏、脾脏、神经系统的体格检查，除基本医疗办公设备外，还应配备检查床。面积在 $12m^2$ 左右，男、女分设。

④外科检查室。需要两间以上，主要针对甲状腺、淋巴结、乳腺、脊柱四肢、肛诊、男科等检查，面积在 $12m^2$ 左右，男、女分设。

⑤眼科、口腔科、耳鼻咽喉科。可按照专科要求设置，各自面积在 $12\sim14m^2$，男、女通用。

⑥妇科检查室。除基本医疗办公设备外，还应配备妇科检查椅，检查室设置同门诊妇科检查室一致，应设在建筑体的偏僻之处，检查面积在 $25m^2$ 左右，一般多为前诊室、后检查室布局。

（4）VIP 检查区域。VIP 检查区域是为 VIP 体检人群提供的一个品质更佳的独立体检空间，VIP 体检与普通体检的基本布局、科室、流程是一致的。

①VIP 检查区域包含体检前、体检中及体检后所有服务，CT、DR、钼靶、骨密度等检查项目不单独设置，心电图、B 超等应单独设置。VIP 体检者能够在独立的区域内完成大多数体检项目。

②VIP 检查区域应考虑女性体检者在个别项目的私密性。

③可设置一定数量的标准休息间，如同酒店标准房，每个休息间面积在 $25m^2$ 左右。

（5）VVIP 检查区域。VVIP 检查区域是为高端体检人群提供的独立体检空间，设置独立区域，配备 B 超诊断仪、心电图仪等设备，区域内可完成所有体格检查，需设置相应功能用房，面积在 $12m^2$ 左右，大型设备则共用。

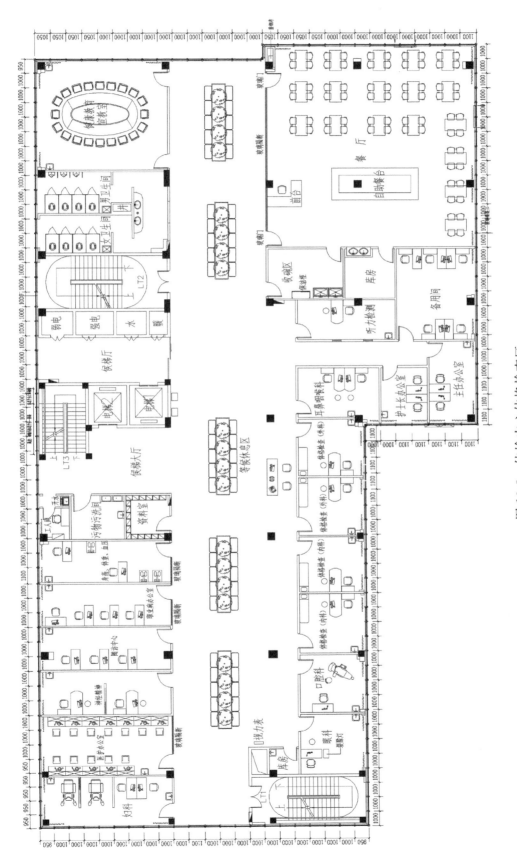

图 10-3 体检中心体格检查区

（6）办公区。办公区设医护办公室、宣教室、检后诊室等，这些办公房间按照常规设置。办公区不仅是医务人员办公、管理资料的场所，也是主检医生或主任与受检者交流的地方。

（7）就餐休息区。在体检区域设置餐厅、咖啡厅、书吧等就餐休息区非常有必要，部分体检项目需要体检者在早上空腹状况下进行，空腹项目结束后，再进行餐后体检项目，整个体检过程耗时较长。因此，最好在体检区域设置餐厅，供应早餐。如空间允许，设置咖啡厅等为体检者提供休息、交流的空间，能减缓体检者等候时的急躁情绪。

（8）卫生间。按照常规标准设置，男、女面积分别在 $20\sim25m^2$，每层楼均需设置卫生间，需有一个残疾人卫生间。

（9）污物污洗间。面积在 $10\sim12m^2$，各楼层都需安排。

（10）库房。面积在 $15\sim20m^2$。

（二）通道及流程

检查区一般采用通道候检模式。检查区需要根据检查项目设置各自的等候区域。如空间允许，将候检通道规划为8m左右宽度，体检科室沿候检通道依次分布，体检者在完成一个检查项目后，通常就近在候检通道休息并等待进行下一项检查，不需再返回等候大厅。这样不仅可以使检查路径简捷，实用性强，并且能够保证体检房间的规律性和灵活使用。

（1）要充分考虑交叉的人流体检流程。

（2）物流无特殊要求。

六、院感要求

体检中心无特殊院感要求。

七、其他要求

由于体检者在候检通道的停留时间较长，该区域需要营造温馨舒适的氛围，能够有效缓解其等候的焦虑感。如候检通道的空间足够大，则可以引入绿植，绿植两侧放置候检座椅。

第十一章
行政后勤部门

医院行政后勤部门是医院正常运行的重要支撑，所有医疗运行都需要行政后勤部门专业、规范的管理及相应的督导。随着上级卫生行政部门对医疗管理的重视及医院精细化管理的推进，医院行政后勤部门的工作越来越多。一家大型综合性医院的行政后勤科室一般有30个左右，每个科室人员为2～10人或者更多，在设计行政后勤办公区域时，就需要思考现在的办公面积以及未来可使用的面积。行政后勤部门中有几个部门是直接对外接触的，如医务、保卫等部门，其科室位置不一定放在行政后勤办公区域，应根据工作特点布置在相应区域。档案室、病案室、图书馆等有自己的建设规范及要求。另外需要重视的是会议室设置，医院是一个大单位，上级部门来院检查、其他医院来院交流、医院对下级医院指导、医院内部各类管理会议和学术会议都需要使用会议室，这对医院会议室设置提出更多要求，需在医院不同的区域、不同的部门配套设置相应的会议室。

第一节　行政后勤办公区域

许多医院存在行政后勤办公面积不足、行政后勤部门布局分散、工作服务效率不高等问题。医院行政后勤办公区域作为医院管理的中枢，是领导协调全院各部门工作的集中地，合理布局与设计将有助于提升行政后勤办公效率和服务能力。另外，医院行政后勤办公区域的布局和环境是医院管理理念和人文关怀的体现。许多设计有环境和审美等方面的要求，要求建筑技术同艺术完美结合，因此医院在建设时，要综合多种因素，按照经济适用、大方美观的原则，使行政办公区域较为人性化，职工及社会的认同感也能随之提升（如图 11-1 所示）。

图 11-1　一家医院的行政楼 6 楼走廊

一、特点及要求

（1）行政后勤办公区域需要安排众多部门，每个科室都需有各自的用房。

（2）各部门职能不一样，人员配备不一样，不同的部门需要的办公面积也不一样。

（3）有的部门需要自己的库房或档案室。

（4）医院需要协调的事务多，需要多个大小不等的会议室供各部门会议及协调使用。

（5）随着医院管理的提升，各种管理要求进一步细化，增加办公人员现象比较普遍，另外，医院规模也在不断扩大，需要预留一定的发展空间。

（6）许多医院将一幢大楼里的几层作为行政后勤办公区域，但更多新建医院都会建设独立的行政楼（如图 11-2 所示）。

二、位置要求

（1）行政后勤办公区域作为医院管理工作的中枢，需要有安全、舒适的工作环境。应紧邻院内交通的主干道，便于人员进出，同时应符合规划、安防和消防等的要求。

（2）考虑方便工作联系，能够快速方便地到达医疗区或医疗楼。

图 11-2　一家三甲医院的独立行政楼的外观

三、规模

医院行政后勤办公区域的规模及面积无相关规定要求,应根据医院等级、规模、组织架构以及职工数量来合理规划设计,并预留一定的发展空间,满足业务功能的要求和发展需要。

四、法规、标准、指南及其他

《办公建筑设计标准》(JGJ/T 67—2019);

《建筑设计防火规范》(GB 50016—2023);

《党政机关办公用房建设标准》(发改投资〔2014〕2674 号);

《中国医院建设指南》(第五版)。

五、功能用房

医院行政后勤办公区域基本的功能用房包括常规办公用房、公共用房以及设备用房。其中常规办公用房包括领导办公室、普通科室办公室及特殊部门的资料室;公共用房包括会议室、接待室、文印室、开水间、资料室、储物室、卫生间、污物间、污洗间;设备用房包括配电室、电气间等。医院行政后勤部门众多,有领导办公室、院办、党办、纪检监察、文印、医务、护理、质管、药学、院感、公共卫生、健康教育、工会、团委、人事、财务、宣传、绩效、科研、设备、基建、审计、外联、总务、采购、收发等,在设计办公用房时要根据不同科室的属性及规模对科室的布局及面积进行相应的归类和分区分层布局。医务、药学和保卫部门因其工作的特殊性可以独立设置在其他区域,避免特殊人员的来往影响行政的工作。

六、面积和布局

下面以一家实际开放床位数为 2000 张的三级甲等综合医院的行政楼来举例。

(一)办公用房

在对行政楼各办公用房进行设计时要注重形成有效率的办公流程,有利于各科工作人员的工作分配,同时增加工作人员工作的便利性和舒适感。医院各级人员个人办公面积须参照政府相关标准执行,根据《党政机关办公用房建设标准》相关规定,一般来说正厅每人使用面积 $42m^2$,副厅每人使用面积 $30m^2$,正处级每人使用面积 $24m^2$,副处级每人使用面积 $18m^2$,科级以下每人使用面积 $9m^2$。不同的行政职能科室根据其功能及人员的影响,其办公室的面积也大小不一。

(1)领导办公室。领导办公室一般设置在行政楼顶层,办公室面积按照政府相关规定要求执行。

(2)普通办公室。普通办公室首先要考虑其在行政楼的布局,如院办、党办、文印等与领导密切联系的职能部门应与领导办公室设置在同一楼层;财务、绩效部门涉及很多财务要求及由于财务的特殊性,一般会设在楼层比较偏的地方;后勤科室涉及物资的运送,一般设置在行政楼低层(非地下室)区域;其他科室按照其特性而定,原则上根据人流量来就近设计流程。总体建议院办、党办、纪检、文印等科室与领导办公室为一层;财务、绩效、人事、外联、宣传、审计、工会、团委等办公室为一层;质管、护理、科研、院感、公卫、健康教育等科室为一层;总务、基建、设备等科室为一层。

普通办公室的面积在执行政府相关规定的基础上,结合科室的规模及工作人员的数量而定。通常来说,一个职工所占的面积为:办公桌椅占 1.4m×1.2m,共用走道约 1m,每个工位的基本面积要求是 3m² 左右,预留一定的活动空间,基本在 4～5m²。不同科室可根据自身需求设置相应的办公位,计算出合适的面积,同时设计办公室时应从长远出发,不能将办公室面积设计得刚好适合医院现用,随着医院规模的扩大,可能几年后就会变得拥挤,影响工作人员工作,所以应为科室的发展预留一定的空间。普通办公室面积在 30m² 左右,满足 6～10 人办公需求。医务、护理、质管、财务、绩效等人员多的科室,办公室面积要相应增加,预留空位。

有的部门在考虑办公用房需求时,还要满足特殊科室业务过程中的其他用房要求。如财务、审计等科室在工作中会产生大量的档案资料,应配备资料室;设备耗材采购部门在招标谈判采购的过程中需要独立的谈判空间,应配备谈话间等;同时还要满足器械、设备、耗材的存放需求,配备样品间等。

(二)办公辅助用房

医院行政楼一般将朝南的房间设置成各行政职能科室的办公室,将朝北的房间设置成办公辅助用房或仓库等。

(1)会议室。建议行政楼每层均设置 1～2 个会议室,会议室设置为大、中、小三种规格,满足各楼层各科室会议需要。会议室具体设置在第十二章第三节描述。

(2)休息间。配置橱柜、冰箱、洗手台盆以及休息所用桌椅,为职工和来客提供休息场所,面积 16～18m²。

(3)卫生间。每个楼层设男、女公共卫生间各 1 个,位于楼层相对偏的位置,面积在 25m² 左右,卫生间设前室,并设置洗手台盆,要有良好的通风和卫生条件。卫生间旁边设置保洁室、污洗间。

(4)开水间。每个楼层设置 1 个开水间,也可以靠墙面设置,要设置地漏,并设置倒茶渣的设施。

(5)电气间。电梯附近设置各类电气间,通常为强电配电房、弱电控制机房、通风机房、通信(5G)机房等。

七、交通

行政后勤办公区域坐北朝南,若为独立的大楼,则需设置 1～2 台电梯,同时为便于管理,原则上设置单通道进出,大楼两端设消防逃生梯。

第二节　信息中心

随着信息技术的快速发展，医院信息化建设不断推进，医院信息中心已是医院运行和管理的重要组成部分。在医疗支持、流程构建、财务绩效、科教管理、高效数据以及人工智能医疗等方面，信息中心的作用和地位越来越重要。

一、特点及要求

（1）信息中心是医院计算机信息数字化系统管理的职能部门。

（2）医院计算机网络系统在医院运行监管、数据备份、信息安全、临床医疗、医院管理等方面提供重要支撑。

（3）信息中心机房有严格的温度、湿度、洁净度及空气流通性要求，以及严格的防火、防水、防振、防雷、防磁、防鼠和防虫要求。

（4）根据医院等级评审要求，信息中心数据库应做好异地备份，在院区外的其他区域设置减灾备用机房。

二、位置要求

信息中心的中心机房、办公用房、维修用房等一般安排在同一区域，不建议布局在建筑体的低层或地下室，一般在建筑体的上层偏角落位置。

三、规模

信息中心的规模与医院规模相适应，医院规模越大，信息中心用房面积则越大。职工人数也影响着信息中心面积，许多医院有自己的研发团队，有大量研发人员，这就需要更多的办公空间。

四、法规、标准、指南及其他

《综合医院建筑设计规范》（GB 51039—2014）；

《建筑设计防火规范》（GB 50016—2023）；

《数据中心设计规范》（GB 50174—2017）。

五、功能用房

信息中心的功能用房主要有办公室、库房、维修室、废旧库房、中心机房等。

六、面积和布局

（1）办公室。信息中心人员的办公室设置同普通办公室，面积根据信息中心人数而定，一般人均 $4\sim5m^2$。如条件允许，可独立设置主任办公室，面积在 $10\sim12m^2$。

（2）库房。用于堆放新购置的信息设备，面积一般在 $15\sim30m^2$。

（3）维修室。用于部分信息设备的维修，面积一般在 $15\sim30m^2$。

（4）废旧库房。用于堆放报废待处理的信息设备，面积一般在 $30\sim50m^2$。

（5）中心机房。中心机房作为整个医院的信息网络中心，可参照《数据中心设计规范》（GB 50174—2017）进行设计。中心机房面积与医院规模、存放的数据相关，对于 2000 余张床位的医院而言，中心机房面积一般在 $200m^2$ 左右（异地备份机房面积在 $80m^2$ 左右）。新建医院机房的面积既要有前瞻性，又要适度控制。目前，随着刀片服务器等设备的推广应用，机房设备正在向高度集成化的方向过渡，如 2000 余张床位的三甲医院，其中心机房面积在 $100\sim150m^2$ 即可以满足未来服务器等的扩充要求。据了解，最新集中式数据中心所需的占地面积将越来越小，设计医院时可参考。

七、交通

信息中心的交通无特殊要求。

第三节　会议室

随着医疗卫生事业的发展及医院精细化管理能力的提升，医院为满足各部门工作协调以及各类大中型会议（如学术、管理）之用，对不同使用功能的会议室设置分类要求越来越细，大多要求增加视频功能。现代医院运行对医院会议室的设计也提出了新的要求。

一、特点及要求

（1）医院会议室主要用于党委会议、院务会议、科务会议、各类管理会、部门沟通会、专题会、上级各种检查、学术交流（院内外）等，往往在一天同一时段有多个部门在开会，会议室使用频率非常高。

（2）多功能会议厅首先要考虑其使用面积符合中层干部例会、职代会及大中型学术会议的要求，并要考虑多媒体、扩声、灯光控制、影视播放等要求，视频会议还要考虑光纤通信、信号传输和接收、摄像设备、光线和音响、视频切换传播、视频录制等相关功能的要求。

二、位置要求

（1）医院会议室一般设置在建筑体的北面，同时靠近楼梯、电梯的位置。

（2）原则上大型会议室不设置在建筑体高层，高层不方便人员的到达和疏散。

三、规模

医院会议室的数量及每个会议室的面积取决于医院规模及使用频率。

四、法规、标准、指南及其他

《办公建筑设计标准》（JGJ/T 67—2019）；
《建筑设计防火规范》（GB 50016—2023）。

五、功能用房

医院常用的会议室有书记、院长小会议室，中小型会议室，中型会议室，大型会议中心，党员活动室，离退休职工活动室等。根据纪检要求，需要有专门的药品、耗材和设备采购洽谈室等。

六、面积和布局

医院会议室由于功能不同，面积要求不同，可以是 4～8 人的小会议室，10～20 人的中小型会议室，30～50 人的中型会议室及 300～500 人的大型会议室。会议室的大小设置主要根据使用性质及可能参加人数而定。根据《办公建筑设计标准》要求，小型会议室使用面积宜为 15～30m²，中型会议室使用面积宜为 60m² 左右，中小型会议室每人使用面积基本要求有会

议桌的不小于 $2m^2$，无会议桌的为 $1m^2$。综合考虑，一般可以按每人使用面积 $2m^2$（如要求较高，则放宽到每人使用面积 $2.5m^2$）的标准来计算每个会议室的大致面积。

（1）主要领导（书记、院长）的工作具有特殊性，建议在主要领导办公室旁合理设置 1 个小型会议室，大小在 $15\sim20m^2$，作为主要领导日常会客、布置讨论工作的场所。

（2）一般来说，建议行政楼每层均设置 $1\sim2$ 个中型会议室，面积在 $30\sim60m^2$，满足各科室会议需求。在书记、院长办公楼层设置 1 个中型会议室，使用面积宜为 $60\sim80m^2$，满足党委、院长会议及来访的接待交流需求。

（3）医院大型会议室情况相对复杂，对面积指标不进行硬性规定，大型会议室应根据使用人数和桌椅设置情况确定使用面积。一般大型医院中层干部有 $200\sim300$ 人，且医院常会召开中层干部例会（周会），所以容纳 300 人是基本要求。医院根据自身条件可以设置容纳 500 人左右或更大的会议中心，会议室周边或附近可配套多个用房作为大型会议室附属的小会议室，既可提供一定规模的大型会议、学术报告、学术交流，又能为医院召开大型职工会议提供场所，如职代会等。大型会议室面积在 $500\sim800m^2$，配套音控室一间 $10m^2$，休息室一间 $20m^2$。会议室为了保证听觉和视觉的需要，平面长宽比不宜大于 2∶1，宜有音响、LED 显示屏、灯光控制、通信网络等设施。大型会议室常常有多种用途，因此应设相应的休息空间，重要的是大型会议室新风系统一定要建好（如图 11-3 所示）。

图 11-3　某医院大型会议室

（4）最好在门诊楼、体检楼中各设置一个会议室，能容纳 50 人左右，用于健康讲座，满足健康促进医院建设要求。

（5）部分特殊科室需要按照其功能需求设置专门的会议室，如设备、耗材和药品采购部门需要设置洽谈会议室，面积分别在 15m² 左右。纪检部门需要的廉政谈话会议室在 12～15m²，党员活动室在 60～70m²，老干部活动室在 50～60m²。

（6）示教室也是会议室，每个病区及相关大医技科室设置 1 个示教室，面积在 20～25m²，以满足科室会议、教学及患者宣教的需要。如有可能，建议每个医疗大楼设置 1 个一定规模的学术交流会议室，满足临床部门学术交流需求。

七、交通

会议室设置应符合就近原则，节约步行时间。大型会议室设置在医院相对偏僻的位置，同时周边有停车场，满足学术会议时外来人员的停车要求。

第四节　图书馆

医院图书馆也是医院建设的场所之一，是医院的文献信息中心，以承载知识传播为基本任务，其空间设计主要考虑的因素是功能性，合理规划空间可以在容纳更多读者的同时提供安静舒适的学习环境。

一、特点及要求

（1）医院图书馆是为医疗、教学、科研和管理服务的部门，是为医院临床医护人员、教学科研人员、医学院学生、进修生以及行政管理人员提供知识服务的场所。

（2）医院图书馆与社会公共图书馆在收藏内容、传播范围、服务对象上有所不同，因此它的功能分布也有所侧重。

二、位置要求

图书馆应该远离易燃易爆物品以及有噪声、散发有害气体、强电磁波干扰区域。医院图书馆应选择环境安静、院内交通方便的区块，一般设置在教学区块，由于人员流动相对较少，可以在建筑体高层，但书库重量大，楼板应加固。

三、规模

图书馆无相关规模要求，面积应与医院的等级和床位成相应比例，并满足图书馆业务功能的要求和发展需要。由于图书的电子化，图书馆面积有缩小的趋势。

四、法规、标准、指南及其他

《图书馆建筑设计规范》(JGJ 38—2015)；

《建筑设计防火规范》(GB 50016—2023)。

五、功能用房

图书馆的主要功能用房包括阅览室及书库。

六、面积和布局

图书馆按照阅览室朝南、书库朝北的原则设置，应合理划分各功能用房，分区简单明确、便于管理。

(1)阅览室。阅览室是图书馆为读者在馆内阅读文献而提供的专门场所。阅览室分为图书阅览室和电子阅览室。图书阅览室和电子阅览室可分开设置，也可合并在一起。阅览室空间应为敞开的空间，三甲医院阅览室的面积大小在 $200\sim300m^2$。阅览室常采用开架方式，兼顾阅览和阅读两种功能，故需对阅览空间的家具设备进行排列，设计通用、灵活的开间和进深尺寸。拥有良好的自然采光和通风环境，同时室内宜设置吸声、隔声措施，以减少噪声干扰，为读者提供良好的阅读环境(如图 11-4 所示)。

(2)书库。书库与阅览室分开设置，但又要互为一体。藏书量是体现医院文化底蕴的因素之一。书库面积设置为 $600\sim1000m^2$，书库应紧凑布置，合理利用空间。书库应具备长期保存图书的温度、湿度条件，并考虑防火、防晒、防潮、防虫、防紫外线、隔热、保温等因素(如图 11-5 所示)。

图 11-4　图书馆阅览室

图 11-5　图书馆书库

七、交通

图书馆的交通无特殊要求。图书馆可设置在高层或低层,如在高层,要考虑建筑体承重。但要根据医院总体建筑架构而定,最好在教学区。

第五节　总务处

医院在规划建设过程中,不仅需要着重考虑医疗建筑的体量规模和各功能用房的布局及医疗流程,而且应统筹考虑后勤配套用房的建设。总务处作为医院后勤工作的管理保障部门,是全院工作正常运行的基础,为医院整体提供及时、有效、全面的保障服务。在设计医院建筑时,要对总务处相关用房进行合理的规划布局。

一、特点及要求

(1)总务处工作涵盖全院水电气的供应、暖气供给、水电管道的维修、污水处理、绿化卫生、车辆运输、被服清洗等后勤保障服务以及房屋及固定资产管理,起着计划、组织、协调、督查各部门正常运转的作用。

(2)总务处下设事务中心、维修科(又可划分为电工班、空调班、水管班、钳工班等班组)、动力监控中心、总务仓库、被服供应库、医疗废物暂存库、危化品库等部门,用房设置相对复杂。

二、位置要求

总务处的位置选择由其工作属性而定,主任办公室、班组办公室一般设置在同一区域,可选择在相对偏僻的区域,同时需要安排各班组的室内工作场地。动力监控中心一般设置在大楼底层或地下室,且独立成区。配电房、水泵房、空调、发电机组、负压吸引装置、压缩机、物流机房等设备用房一般设置在建筑体地下室。

三、规模

医院总务处的规模及面积无相关规定要求,应根据医院等级、规模、班组架构以及职工数量来规划设计。

四、法规、标准、指南及其他

《综合医院建筑设计规范》(GB 51039—2014);

《建筑设计防火规范》(GB 50016—2023)。

五、功能用房

总务处的功能用房一般包括处长办公室、各班组室内工作场所、库房、动力监控中心、被服供应库、配电房、水泵房、机房以及服务用房等。

六、面积和布局

(1)处长办公室。面积在 10m² 左右。

(2)各班组室内工作场所。各班组室内工作场所面积根据总务处规模大小而定,每班组不小于 30m²。

(3)库房。第十三章会对重要的库房,特别是布局要求高的进行介绍,主要有后勤库、危化品库、医疗废弃物暂存库、垃圾桶清洗库等。

(4)动力监控中心。监测全院机房动力和设备环境,全面掌握各机房基础设施运行情况,用于机房基础设施的集中管理,用房面积在 30～40m²。动力监控室可配置一间值班室,面积在 10m² 左右。

(5)配电房。配电房分为高压配电房和低压配电房,一般来说,新建院区有 1 个高压配电房,各医疗建筑大楼有 1 个低压配电房,高压配电房面积在 100～150m²,低压配电房面积在 200～250m²。改扩建医院一般会有多个高、低压配电房,用房面积可相对减少。

(6)水泵房。每幢大楼设置生活水泵房和消防水泵房,其面积根据大楼的体量不同而不同,生活水泵房面积在 50～200m²,消防水泵房面积在 100～250m²。

(7)机房。空调、发电机、负压吸引装置、压缩气体机、物流等重要设备运行都需要机房。一般来说,一幢大楼的空调机房(制冷、制热)总面积在 200～400m²;发电机房面积在 150～200m²(全院合用一个);负压吸引装置机房面积在 50～80m²;压缩气体机房面积在 50m² 左右;物流机房在 100m² 左右;另外,还要考虑全院 5G 基站的用房,面积在 200m² 左右。对于各类机房的设计及位置布局要求设计公司都较为明晰,这里不再赘述。

(8)被服供应库。被服洗涤及供应是医疗后勤服务重要的一环,应自成一区。一般来说,医院被服洗涤会选择外包服务,更换下来的被服一般由外包公司直接运走,清洗后再运回被服供应库。医院被服供应库主要有存放洁净被服的库房、缝补室和办公室,总面积在150～200m²。

(9)服务用房。现代医院会引入超市、快餐店、水果店、花店、咖啡店及书吧等,为患者及职工提供附属服务,设计医院建筑时可根据医院需求考虑,留出空间。

①超市。一般设置在医院中心位置,为住院病人、门诊病人及医院职工提供日常用品,面积可根据医院规模而定,一般在100～300m²。

②水果店、花店。可设置在与超市相邻的位置,为各类人员提供水果和鲜花售卖服务,面积分别在20～40m²。

③快餐店。可设置于门诊及住院区域之间,为陪护人员、门诊病人及职工提供快速餐饮服务,面积在150～200m²。

④咖啡店及书吧。许多医院为提供更加舒心的人文环境,会布局咖啡店和书吧。一般设置在医院中心位置,紧邻超市,咖啡店面积在100～200m²,书吧可设置在咖啡店旁,面积在30～40m²。

⑤药店。为患者提供特殊药品和器材,面积在150～300m²。

七、交通

被服供应库应保证交通便利及周边道路通畅,便于洁净被服的装卸、入库和领取。

第六节 保卫科

保卫科是保障医院安全的重要部门,负责医院的安保、消防等工作,主要职责是消除各种安全隐患,维护医院正常的医疗秩序,保卫医院全体患者及医护人员的生命财产安全。在设计医院时,必须考虑好保卫科的用房。

一、特点及要求

(1)保卫科主要负责治安秩序维护、车辆管理、消防安全等工作。
(2)保卫人员常由三部分组成,即医院管理人员、外包管理人员及安保队伍。

二、位置要求

保卫科无特殊位置要求,管理人员办公室可设置在行政办公区;安保人员工作点分布在全院重要位置；监控中心常设在大楼第一层或地下室。

三、规模

保卫科的规模及用房面积无相关规定要求，应根据医院等级、规模、组织架构以及需要的安保人员数来规划设计。

四、法规、标准、指南及其他

《综合医院建筑设计规范》(GB 51039—2014)；

《建筑设计防火规范》(GB 50016—2023)。

五、功能用房

保卫科的功能用房主要有办公室、外包安保办公室、保安特勤办公室、监控中心、各重要位置的安保房。

六、面积和布局

(1)办公室。主要指医院保卫科管理人员办公室，设置同普通办公室，医院保卫科管理人员一般在 4～8 人，面积在 20～30m²。如条件允许，可独立设置科长办公室，面积在 10m² 左右。

(2)外包安保办公室。一般医院会选择将保安队外包，可合理设置相关办公用房，面积在 20～30m²。

(3)保安特勤办公室。保安特勤人员(医院快速反应的安保人员)的办公场所，面积在 20～30m²。

(4)监控中心。监控中心担负着全天候消防监控及安全监控，是医院的安全调度中心。面积可根据医院监控探头及监控屏幕的数量而定，一般在 100～200m²，有的医院会设置多个监控室，应根据其数量调整单个用房面积。

(5)安保房。在医院各出入口、门诊、急诊、各医疗大楼及学生公寓等区域设置安保房，面积在 6～8m²。

七、交通

保安特勤办公室应设在医院的中心位置，以便保安特勤人员快速到达事发地。

第七节　陪护中心及运送中心

现今社会对医疗服务的要求越来越高,为解决以往陪护人员素质参差不齐、服务差等问题,许多医院会设置陪护中心及运送中心,将陪护人员及运送人员纳入专业化管理。在设计医院建筑时,也要考虑陪护中心及运送中心的用房设计。

一、特点及要求

(1)陪护中心及运送中心一般由医院委托专业后勤服务公司进行管理,根据医院和患者需求提供生活护理及运送服务。

(2)陪护人员及运送人员由外包公司统一进行集中培训、管理、派工,病人需要相应服务时,由中心按需派遣相应有资质的陪护人员或运送人员提供服务。

二、位置要求

陪护中心及转运中心用房的位置选择应考虑方便患者及医疗便利,建议设在住院部区域内。

三、规模

陪护中心及运送中心的规模、面积无相关规定要求,应根据医院等级、规模规划用房面积。

四、法规、标准、指南及其他

《综合医院建筑设计规范》(GB 51039—2014)。

五、功能用房

陪护中心用房主要有办公室和库房。运送中心用房有办公室,转运车、轮椅停放间和工人休息室。

六、面积和布局

(一)陪护中心

(1)办公室。管理陪护人员的办公场所,面积在 $15\sim20m^2$。

(2)库房。面积在 $30\sim40m^2$,存放被服及其他陪护用品。

(二)运送中心

(1)办公室。运送中心的办公场所,负责对接及派工,面积在 $15\sim20m^2$。

(2)转运车、轮椅停放间。面积在 $30\sim40m^2$。

(3)工人休息室。面积在 $20m^2$ 左右,用于运送人员在工作间隙休息。

七、交通

陪护中心应与运送中心相邻,运送中心一般设在住院楼底层,方便转运车及轮椅进出,快速到达各临床区域。

第 十 二 章

医院库房

随着医院管理的发展,医院各类仓库管理的规范性要求越来越高。但实际上随物流业的发展,仓库的容积有缩小趋势。从医院的管理来看,对医院库房进行合理规划设计并有效管理,为医院医疗运行提供可靠的保障是医院管理的重要内容之一,可以实现物流管理效益的提升。但许多医院在建设时没有认识到这一重要性,在仓库规划设计方面存在各类问题,如各类仓库的布局选址不合理、交通不便、流程不顺、分区不明确等,这些都制约了医院库房的整体管理水平。本章将介绍重要库房的规划布局。

第一节 西药库

西药库是医院药品质量管理硬环境,西药库的合理设计布局对加强药品管理,确保药品质量,保证患者安全用药有直接的影响。

一、特点及要求

(1)西药库负责西药的储存、保管和供应,有严格的流程要求。

(2)除保持干燥外,不同药品有不同的温度储藏要求,特别是生物制品。

二、位置要求

(1)西药库应设置在建筑体的底层,车辆能够直达,方便药品装卸,原则上应为非地下室区域。

(2)要充分考虑地势及当地降雨量,确保库房不受雨水的浸泡。

（3）为保证医院药品的供应方便性，西药库应考虑设置在医院的中心区域，与门诊和病区的距离不能太远。

三、规模

西药库面积应当与医院的规模和病人数相适应，一般床位在 500～800 张的医院，西药库的面积不低于 450m²，床位每增加 150 张面积递增 100m²。但目前物流非常顺畅，西药库面积可相应缩减。

四、法规、标准、指南及其他

《医药工业仓储工程设计规范》（GB 51073—2014）；

《冷库管理规范》（GB/T 30134—2013）；

《建筑设计防火规范》（GB 50016—2023）；

《中国医院建设指南》（第五版）。

五、功能用房

西药库的功能用房主要有常温库、阴凉库、冷藏库、专用药品库、工作人员办公室、会计办公室及资料室等。

六、面积和布局

西药库工作人员对入库药品进行分类、合理储存。按照库房管理的需要，库房区域有待验和退货药品区、合格药品区。工作人员按药品储存要求，把合格药品分别存放在常温库、阴凉库、冷藏库或专用药品库。库房环境应满足各类药品的储存条件要求，以确保药品质量（如图 12-1 所示）。

（1）常温库。常温库的室温控制在 1～30℃，是各库房中最大的区域，根据西药库总面积而定，一般在 200～500m²。

（2）阴凉库。阴凉库应避光同时控制在 20℃ 以下，适用于保存质量易受高温影响的注射剂、水剂、软膏剂以及贵重药品。三级医院的阴凉库面积一般在 100m² 左右。

（3）冷藏库。冷藏库是冷藏保存有特殊储存要求的药品，温度应控制在 2～10℃，适用于保存生物制品、血液制品、基因药品、疫苗等高温下易失效的药品。冷藏库面积在 50m² 左右。

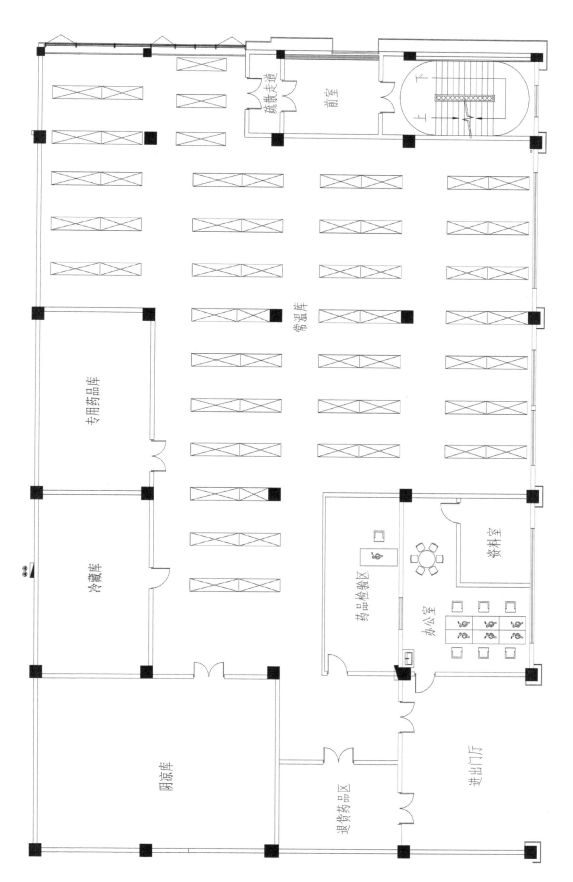

图12-1　西药库

（4）专用药品库。专用药品库用于保管特殊药品。特殊药品是指麻醉药品、精神药品、医疗用毒性药品和放射性药品，《药品管理法》规定上述药品实行特殊的管理办法。专用药品库面积在 30～50m² 。

（5）工作人员办公室。供西药库工作人员办公使用，面积根据西药库规模及人员数量而定，一般在 15～30m² 。

（6）会计办公室。会计进行药品调价、盘点数量、汇总金额等工作的场所，面积在 10～15m² ，常常与工作人员办公室整合在一起。

（7）资料室。用于存放相关档案及数据资料，面积在 10～15m² 。

七、交通

西药库每日进出量较大，几乎每天都有医药公司的车辆及送往病区和门诊药房的院内专用转运车，因此应设计在车辆易达区域，并要有车辆停放区，便于药品的装卸。

第二节　中药库

中药的储存保管有严格的环境要求。科学合理的库房设计是中药治疗效果的重要保障。中药库的布局设计和西药库有许多类似之处。

一、特点及要求

（1）中药库的储存条件是保证中药材质量的重要因素，中药库有中药饮片 400 种、中成药 100 多种。对于中药库来说，需要储备大量的中药饮片，但中药饮片容易发霉变质，因此中药库房应做到环境整洁，布局合理，分类存放。

（2）注意温湿度，做到防潮、防鼠、防虫（特别是蟑螂）、防蛀及防火。

（3）要充分考虑地势及雨水，确保库房内不受雨水的浸泡。

二、位置要求

中药库的位置要求与西药库一致，可邻近西药库设置。应设置在建筑体的底层，车辆能够直达，方便药品装卸，但非地下室区域。

三、规模

中药库无特殊规模要求,面积应当与医院中医专业的规模和业务量相匹配。

四、法规、标准、指南及其他

《医药工业仓储工程设计规范》(GB 51073—2014);

《冷库管理规范》(GB/T 30134—2013);

《建筑设计防火规范》(GB 50016—2023);

《中国医院建设指南》(第五版)。

五、功能用房

中药库的功能用房包括接收验货区、阴凉库、冷藏库、工作人员办公室、会计办公室、资料室等。

六、面积和布局

中药库保管药品的方法与西药库类似。按照库房管理的需要,库房区域有待验和退货药品区、合格和发货药品区、不合格药品区。工作人员应按药品保存要求,把药品分别存放在阴凉库、冷藏库,确保药品质量符合要求。

(1)接收验货区。对接收的药品进行摆放验货,确保药品质量,面积在 30m² 左右。

(2)阴凉库。阴凉库应避光同时控制在 20℃以下,面积根据医院中药需求而定,一般在 150~300m²。

(3)冷藏库。冷藏库冷藏保存有特殊储存要求的药品,温度应控制在 2~10℃。面积在 30~40m²。

(4)工作人员办公室。供药库工作人员办公使用,面积根据药库规模及人员数量而定,一般在 15m² 左右。

(5)会计办公室。会计进行药品调价、盘点数量、汇总账户等工作的场所,面积在 10~12m²,可整合到工作人员办公室内。

(6)资料室。用于存放相关档案及数据资料,面积在 10m² 左右。

七、交通

中药库与西药库一样,需考虑大小车辆的进出。

第三节　医用耗材库

随着医学的发展、医用材料的改进、微创手术的广泛开展及护理用品的改进,医院基础性耗材及各专科、亚专科的耗材越来越多。尽管物流业在快速发展,但医疗对医用耗材库的面积比以前有更多的要求,对环境、分类管理也提出更高的要求。特别是耗材的信息化管理,近年来推出的耗材 supply(供应)、processing(加工)及 distribution(配送)管理,简称 SPD 管理,是耗材管理的趋势,也对医用耗材仓库建设提出更多的要求。进入 SPD 流程管理的一般是高值耗材。

一、特点及要求

(1)医用耗材库内的区域划分有明确要求。若无特殊情况,仓库管理系统中的物流都应在同一平面上实现,以提高工作效率。

(2)在医院的实际工作中,如果耗材仅有一级库存管理,已远不能满足如今临床的需要,实现耗材的二级库存管理十分必要。医院应在临床科室或相关医技科室内设二级库,并根据科室专业要求合理设定面积,实现扫码消耗后系统自动对中心库生成补货计划等功能,减少护理人员管理耗材所需时间精力,使护理人员回归临床一线,提高护理质量。

(3)医用耗材库管理的物资包含库存物资(常规备货)和零库存物资(跟台手术及临床二级库备货物资)。其中库存物资有低值医用耗材 600 多种,包括医疗防护用品、注射穿刺类耗材、引流灌注耗材、血液处理耗材、麻醉类耗材、医用敷料等;低值医用器械 40 多种,包括手术剪、持针器、止血钳等;危化品、消毒用品 10 余种。零库存物资包括口腔用耗材 400 多种,主要有种植、正畸、烤瓷、修复类等口腔专科材料;检验、病理试剂材料 2000 多种,主要有全自动生化流水线中的肝功能、肾功能等检测项目用的试剂,全自动发光免疫流水线中的肿瘤、肝炎、甲状腺炎等检测项目用的试剂,病理科免疫组化试剂等;骨科、眼科、脑外科、胸腹腔外科、心血管内科等手术用植介入类高值耗材 4000 多种,主要有骨科的脊柱、创伤、关节类等跟台类耗材,如人工晶体、心脏起搏器、支架、导管等植介入类耗材,医用止血材料、吻合器及钉仓、外科补片等高值耗材等;其他有配镜材料、修配材料等300多种。

二、位置要求

(1)医用耗材库设置在医院交通方便的区域,便于车辆的进出和货物的装卸。

(2)医用耗材库宜设在建筑第一层,避免使用电梯,减少物资的垂直转运。

(3)医用耗材库应设置在有良好的排水性的区域,以防灾害性气候造成积水或雨水浸泡。

三、规模

医用耗材库面积与医院的规模和业务需求相适应,一般医院床位在1000张,则耗材库面积不低于500m²,床位每增加100张面积递增50m²。

四、法规、标准、指南及其他

《通用仓库等级》(GB/T 21072—2021);

《物资仓库设计规范》(SBJ 09—1995);

《建筑设计防火规范》(GB 50016—2023);

《中国医院建设指南》(第五版)。

五、功能用房

医用耗材库的功能用房主要有接收验货区、库房区、办公室、资料室、SPD流程优化办公室、谈判室等(如图12-2所示)。

六、面积和布局

(1)接收验货区。接收验货区是对耗材进行验收扫码,并对验收合格的耗材进行赋码的区域,面积一般在20~30m²。

(2)库房区。库房区分为存储区域和物流作业区域,存储区域根据耗材存储环境要求设置为常温库、阴凉库。耗材验收后,工作人员根据不同耗材类型及管理要求将耗材放置于不同区域。库房区为每个耗材设定专属库位,通过库位可查询耗材的库存及批号、有效期信息,便于耗材的存取和存储管理。物流作业区域划分为"三色五区",分为待验区、合格品区、不合

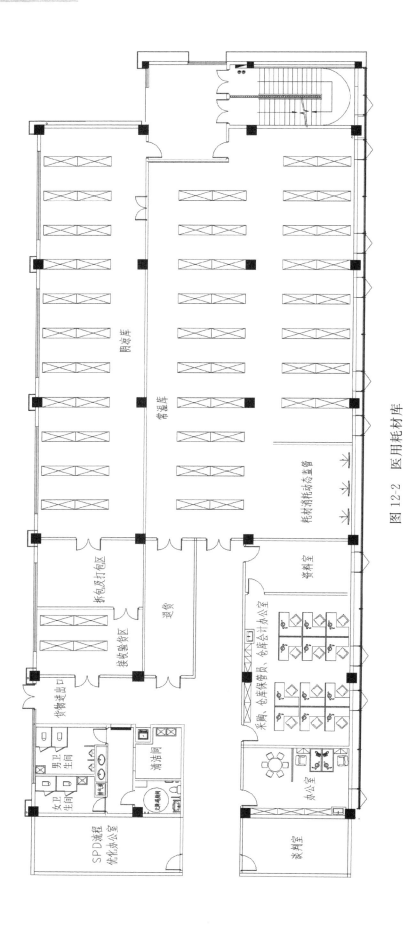

图 12-2 医用耗材库

格品区、退货区、发货区。不合格品区为红色,退货区、待验区为黄色,合格品区、发货区为绿色。区域划分清晰明确,便于工作人员物流作业操作,保证了物流作业的顺利进行与耗材的质量安全。

①拆包及打包区。是工作人员负责核对信息并粘贴标签码、装箱、完成拣货的区域,面积在 50m² 左右。

②耗材消耗动态监管区。配备专业信息化设备,大屏幕滚动显示中心库的库存状态(补货点、订单完成状态及管控品种预警)、各临床二级库的货物状态(补货科室、紧急报警、有效期报警等)、智能柜状态(品种、数量、近效期商品及运行状态),以便直观准确地了解全院耗材的即时信息,实现智能补货,面积在 25m² 左右。

③耗材库房。分为常温库和阴凉库,面积在 350~600m²。常温库面积在 200~400m²;阴凉库面积在 150~200m²,存放需低温阴凉保存及高值耗材。

(3)办公室。用于采购、仓库管理、仓库会计等人员办公使用,办公室面积根据医用耗材库面积大小而定,一般不小于 40m²。

(4)资料室。用于存放仓库档案及相关合同协议,面积在 15~30m²。

(5)SPD流程优化办公室。在 SPD 服务的过程中,需要不断优化流程及提高信息化管理水平。SPD 工作人员办公室面积一般在 20~30m²。

(6)谈判室。与供应商谈判时使用,按照会议室管理标准执行,面积一般在 12~15m²。

七、交通

医用耗材库的位置必须交通便利,仓库周边道路通畅,方便机动车辆进入,有固定的停车场所。

第四节　后勤库

后勤是整个医院正常运行的基础保障,而后勤库涉及医院后勤物资的供应以及配送等,良好的后勤库布局能更好地为医院运行服务。

一、特点及要求

后勤库主要负责医院办公用品、劳保用品、水暖五金、电气照明等物品的库存保管及供应。

二、位置要求

后勤库无相关位置要求,建议设置在医院行政后勤保障区,不仅应保证交通运输及物品装卸的便利,同时要充分考虑地势及雨水情况,确保库房内不受雨水浸泡。

三、规模

后勤库面积视医院规模而定,一般不少于 200m²,并应为医院发展留足空间面积。

四、法规、标准、指南及其他

《通用仓库等级》(GB/T 21072—2021);
《物资仓库设计规范》(SBJ 09—1995);
《建筑设计防火规范》(GB 50016—2023);
《中国医院建设指南》(第五版)。

五、功能用房

后勤库的功能用房包括接收验货区、仓库及办公室等。

六、面积和布局

(1)接收验货区。接收验货区对接收的物品进行验收,面积一般在 20～25m²。

(2)仓库。仓库面积根据医院规模而定,一般在 200～400m²,仓库管理的物资包含库存物资(常规备货)和零库存物资。其中库存物资有办公用品 200 多种,包括各类打印纸、水笔、笔记本、档案盒、文件夹、标签、腕带、键盘、鼠标、信封、胶带等;印刷品 200 多种,包括各类宣教单、告知单等;电器、五金等 700 余种,包括小家电、电器材料、一般维修材料和五金件、电话机、电风扇等;低值家具 200 多种,包括诊察床、桌子、文件柜、床头柜、陪护椅、床垫等。

(3)办公室。在仓库出口处设置办公室,用于物品领取登记及单据签收,面积在 15m² 左右。

七、交通

后勤库应保证交通便利及周边道路通畅,同时便于货物装卸、入库和提取,最好在建筑体底层,并留有车辆停靠、物品装卸的空间。

第五节 设备库

医疗设备是现代医院医疗活动正常开展重要的基本保障。随着医疗设备快速发展,临床医师无论诊断还是治疗都越来越离不开医疗设备。目前医院设备库涉及医院常用设备的供应、维修以及配送等工作,一定面积的设备库能更好地为医疗运行提供保障。

一、特点及要求

设备库主要负责医院一般医疗设备、器械、维修材料的保管、发放和维修工作。

二、位置要求

(1)设备库一般设置在医院后勤保障区,应保证交通运输及物品装卸的便利。

(2)考虑设备的重量及建筑体的承重,设备库尽量设置在建筑底层,避免使用电梯,减少物品的垂直转运。

三、规模

设备库面积视医院规模而定,一般在 $100\sim300m^2$,并应为医院发展预留好面积。

四、法规、标准、指南及其他

《通用仓库等级》(GB/T 21072—2021);

《物资仓库设计规范》(SBJ 09—1995);

《建筑设计防火规范》(GB 50016—2023);

《中国医院建设指南》(第五版)。

五、功能用房

设备库的功能用房包括仓库及办公室,仓库一般可分为收货暂存区、安装区、维修区、备用(应急)设备区、报废设备区等。

六、面积和布局

(1)收货暂存区。收货暂存区一般以设备类型为划分单位,这部分区域主要负责运送到医院的设备的暂时存放。面积一般在 $20\sim40m^2$。

(2)安装区。安装区用于新设备的组装,面积一般在 $20\sim40m^2$。

(3)维修区。维修区用于部分设备的维修,面积在 $30m^2$ 左右,规模不大的医院安装区与维修区可合并。

(4)备用(应急)设备区。备用(应急)设备是指平时不用,只在紧急情况下(例如机器出现故障或出现超载时)才替换使用的设备。该区域面积一般在 $40\sim60m^2$。

(5)报废设备区。报废设备区主要用于堆放医院报废待处理的设备,面积一般在 $40\sim50m^2$。

(6)办公室。应在仓库外区域设置办公室,用于仓库管理,面积在 $15m^2$ 左右。

七、交通

设备库应保证交通便利及周边道路通畅,同时便于货物的入库、装卸和提取。

第六节　病案库

病案库是住院患者病历收集整理、审核、保存、查阅的场所。病案库的设计要遵循病历档案安全及查阅方便的原则进行布局,并要求从位置、布置、空间等方面都适应信息管理发展。在建筑布局时还应充分考虑病案库的发展空间。

一、特点及要求

(1)病案库负责储存历年医院归档病历档案,按照管理规定需要保存 30 年的病历档案。

(2)目前倡导病历档案实现电子化管理,但大多数医院采取电子和纸质双保存方案,且因以前的病历累积,所以病案库仍保存大量的病案,而且日复一日不断增加,因此,病案库建筑面积需预留较大的发展空间。

(3)患者及相关医护人员前来复印及借阅病历较为频繁。

二、位置要求

(1)病案库选址应远离易燃易爆物品,合理选择地势较高、场地干燥和环境安静的地段。

(2)考虑病案库内大量密集柜的安装以及建筑物的承重标准,病案库一般设置在建筑体的底层区域,如果要设置在高层,则要对建筑体及楼板进行加固设计。一般而言,病案库选在医院的偏僻区,满足患者病案复印及医务人员查阅的需要即可。

(3)病案库如果建设在建筑体的低层,要充分考虑地势及雨水,确保库房内不受雨水浸泡。

三、规模

病案库无特殊的规模要求,根据医院规模、床位和出院人次,并需要按照30年保存病历数及医院规模扩大预期而定。

四、法规、标准、指南及其他

《综合医院建筑设计规范》(GB 51039—2014);

《档案馆建筑设计规范》(JGJ 25—2010);

《建筑设计防火规范》(GB 50016—2023)。

五、功能用房

病案库的功能用房包括接收装订室、病案存放库、对外接待室、阅览室、计算机录入室、办公室等。

六、面积和布局

(1)接收装订室。接收装订室的主要功能是接收送达的病案,并进行清点。其空间分为两个部分,分别用于送达病案时的清点登记与接收后的病案装订消毒。建筑总面积一般不小于50m²。

(2)病案存放库。纸质病案的保存年限为30年,病案存放库至少应有储存5年以内近期病案的空间,超过5年的病案转移至病案库的第二库房。医院病案库平均每一万份住院病案需实用面积10~12m²,结合医院出院病人数及发展需要,以出院9万~10万人/年计,存放

30 年病案的库房一般在 2000～2500m² 或更大。

（3）对外接待室。对外接待室主要用来接待医院住院患者查询或复印住院病历,配备电脑及复印打印机,需要有方便对话的接待窗口和等待复印人员的休息区,面积一般在 15～20m²。

（4）阅览室。阅览室是医护人员借阅病历并阅读的场所,供医护人员查阅纸质或电子病历、讨论分析以及复印病历,面积在 15m² 左右。

（5）计算机录入室。计算机录入室主要是病历的电子录入办公场所,面积一般在 30～40m²。

（6）办公室。办公室是病案库工作人员对病案信息进行国际疾病分类（ICD）编码及统计的工作场所。为保障工作人员的顺畅工作,每个人一般有 3～4m² 的工作空间。办公室面积根据医院规模和病案库人员数量而定,一般在 40m² 左右。也有计算机录入室与办公室合并的。

七、交通

病案库工作人员每天需要到临床科室收集大量的病历资料,因此病案库到医疗区域要求有便利的交通和较短的行程。

第七节　档案库

档案库是医院行政工作中一个不可缺少的组成部分,档案主要包括党政文件、医疗文件、各类财务和审计合同、科技档案、人事档案、医院发展成果及医院各类运行记录等,涉及各个部门方方面面的资料。档案库的规范合理设计不仅能提高档案管理水平,充分发挥档案库在医院运行管理和发展过程中的作用,还能防止重要文件资料的遗失。

一、特点及要求

（1）医院档案种类及数量多。医院档案是指医院发展过程中各职能部门及临床各科室在其工作和业务活动中所形成的各类资料,发挥着积累和归档保存各门类档案信息的重要作用。医院档案包括文书档案、人事档案、会计档案、科研档案、教学档案、设备档案、基建档案、荣誉实物档案、声像档案、照片档案及会议记录等各类档案。

（2）医院档案数量增加快。随着时间的积淀,档案资料必然不断增加,医院发展越快,档案数量增加越快。

二、位置要求

档案库应远离易燃易爆物品,合理选择地势较高、场地干燥、排水通畅、空气流通和环境安静的区域。一般而言,医院档案库宜选在行政办公区域或建筑体高层。

三、规模

档案库无明确相关规模要求,应根据医院等级、规模以及职工数量来合理规划设计,并预留足够的发展空间。

四、法规、标准、指南及其他

《档案馆建筑设计规范》(JGJ 25—2010);
《建筑设计防火规范》(GB 50016—2023)。

五、功能用房

档案库根据医院等级、规模和功能设置各类用房,按照《档案馆建筑设计规范》要求,一般由档案技术用房、服务用房、档案库房、办公室组成。

六、面积和布局

(1)档案技术用房。档案技术用房是用于档案的整理编目、保护、信息化等功能的用房,可由接收档案、整理编目、档案装订、档案消毒等技术用房组成,并应根据医院档案库规模和实际需要选择设置或合并设置以上用房。建筑面积一般不小于30m²。

(2)服务用房。服务用房是档案室工作人员开展档案工作、对外服务的场所,一般由查阅登记室、档案阅览室、缩微阅览室、音像档案阅览室、电子档案阅览室、复印室等组成。各功能用房使用面积不应小于15m²。由于医院档案库服务人群不广、人流不多,服务用房在设计时往往合并归集成一个面积为30~40m²的房间。

(3)档案库房。档案库房是档案库的重要组成部分,包括纸质档案库、音像档案库、光盘库、缩微拷贝片库、实物档案库、图书资料库、其他特殊载体档案库等。各档案库一般集中布置、归成一区,以便于管理。档案库房的平面布局应简洁紧凑,库内禁止他用,且其他用房之间的交通也不得穿越档案库房。每个库应设两个独立的出入口,不得采用串通或套间布置方式。档案库房在设计时,要考虑密集柜的安装及建筑体的承重。一般建议档案库房净高不低于 2.60m,保证空调、通风管道的底端与档案装具顶端不会重叠。库房面积根据医院规模而定,面积 200~500m²,为满足医院发展及管理需求,应预留足够的空间。

(4)办公室。根据档案库工作人员数量设置办公室大小,一般在 15~20m²。

七、交通

档案库的人流及物流要求不高,但要保证在偏僻、安静的区域。

第八节　危化品库

危险品指在生产、使用或处置的任何阶段,都具有对人、其他生物或环境带来潜在危害特性的物质。结合国家对危险品的界定以及医院实际情况,危险品可分为危险化学品(危化品)、放射性物质、医用气体、医疗废弃物等,即危化品属于危险品。现阶段,许多医院的危化品库建设基本按照各自的理解和实际情况进行,存在不同程度的安全隐患。危化品库的建设与普通仓库所重视的内容不同,应以安全防护为第一准则。目前主要问题有:一是部分医院不重视危化品库建设的前期论证和设计,没有充分考虑医院危化品储存的特点和医院环境情况,在危化品库建设上存在设计缺陷或不规范;二是危化品库选址不合理,设在医疗建筑楼内,或者根本没有建设比较规范的危化品库,只是将所需使用的危化品分散储存在使用科室内,危化品得不到规范的储存管理;三是危化品库建设简陋,只是普通房间加架子(柜子),不符合危化品库建设的相关规定,容易发生安全事故;四是危化品库的安防设备配套不全,如不符合防火、防爆、通风、除尘、防渗漏等要求。根据我国现有的《危险化学品安全管理条例》《化学危险品仓库储存通则》,危化品应保管于相对安全可控的场所并进行集中管理,建设符合安全防范标准的危化品库,最大限度地降低危化品在储存或使用过程中的安全风险。

一、特点及要求

(1)危化品库是医院必须设置的配套基础设施,是储存具有易燃、易爆、毒性和强腐蚀性等特性并对人体、设施、环境具有危害的有毒化学品和其他化学气体的重要场所。

(2)按照所储存危化品的化学性质,危化品可分为 5 类:易燃易爆物品、有毒有害物品、强腐蚀物品、强氧化试剂和其他试剂类。目前医院经常使用的危化品有 20 余种,如各种医用气体、各类化学品(丙酮、硫酸、硝酸、盐酸、硝酸银、戊二醛、二甲苯等),在一般情况下,医院所用的危化品种类、数量相对稳定。

(3)储存易燃易爆物品的库房应符合《建筑设计防火规范》的要求,库房耐火等级不低于三级,按照《易燃易爆性商品储存养护技术条件》(GB 17914—2013)规定执行。储存易燃易爆物品的库房,应冬暖夏凉、干燥、易于通风、密闭和避光。根据各类危化品的不同性质、库房条件、灭火方法等进行严格的分区、分类、分库存放。所以设置功能用房时要特别注意。

(4)储存腐蚀性危化品的库房应是阴凉、干燥、通风、避光的防火建筑,建筑材料达到防腐蚀需求,耐火等级不低于二级,按照《腐蚀性商品储存养护技术条件》(GB 17915—2013)规定执行。

(5)危化品的管控是医院安全管理的重要部分,而危化品库的建设是危化品安全管控的基础。其选址、楼内分区、功能用房面积、外围交通、应急逃生等问题都是在设计过程中应重点考虑的问题。危化品库合理的布局是确保危化品安全管理的基本条件。

二、位置要求

危化品库的位置应充分考虑周围场所的安全。医院如果用地条件良好,则尽可能独立建设危化品库并储存一定数量的危化品,应选择在与医疗区、行政区保持安全距离的空地上,距医疗建筑或有明火的地点 25m 以上。医院如果用地条件不允许单独建设危化品库,也可以在医院的一般建筑物内设置一定面积的仓库,尽可能做到相对独立布置或集中设置在建筑物低层的一端,外围需要有良好的交通环境,但人流量相对少。

三、规模

根据储存危化品的种类、数量,以及使用量等情况,确定仓库容量及分库容量。以 2000 张床位的三级综合性医院为例,危化品库总面积在 250～300m² ,并进行合理分区,满足功能需要。

四、法规、标准、指南及其他

《危险化学品安全管理条例》(2002 年);
《化学危险品仓库储存通则》(GB 15603—2022);
《易燃易爆性商品储存养护技术条件》(GB 17914—2013)

《物资仓库设计规范》(SBJ 09—1995);

《建筑设计防火规范》(GB 50016—2023);

《腐蚀性商品储存养护技术条件》(GB 17915—2013);

《中国医院建设指南》(第五版)。

五、功能用房

根据国家对危化品的界定以及医院实际情况,主要功能用房有医用气体仓库和危险化学品仓库。危险品可分为危险化学品、放射性物质、医用气体等,其中放射性物质有专门的管理要求,基本由使用科室设置专人专区管理。

六、面积和布局

(一)医用气体仓库

医用气体仓库分别存放氧气罐、氮气罐、氩气罐、二氧化碳罐,面积应在100m² 左右,相应分区在 20～30m²。仓库照明、通风、空调、监控设施齐全,并达到防爆要求。管理中应做到分类管理、标识明确、分发确认。医用气体仓库由专人负责,空瓶、满瓶分开存放,并挂有标志,存放点要上锁,并配备灭火器等安全设施。

(二)危险化学品仓库

危险化学品仓库根据危化品的归类分为不同的房间,分类存放不同属性的化学品。由于储存物品的种类及数量不同,各房间面积也不同,面积一般在 15～20m²,设置多个房间。库房配置防火材质的双锁通风橱、门禁系统、双人双锁指纹识别、入侵报警、视频监控、电子巡更、仓库排风系统等技防和物防设施,并定期进行安防检查,确保各种监管设施的正常运行。

(三)相关科室危化品库及柜

危险化学品有一定数量储存于相关科室的专用储存室或专用储存柜内,并设专人管理。

(1)检验科,设置专用储存室,储存无水乙醇、乙酸、氢氧化钠、盐酸等,科室每种物品最大储存量是 500mL×6,面积 10m² 左右。

(2)病理科,危化品用量多,设置专用储存室,储存盐酸、硫酸、硝酸、甲醛等,科室最大储存量每种 500mL×6,面积 10m² 左右。

(3)其他科室,如急诊科、总务处等相关科室也会用到相应化学品,保存在专用储存柜中。

七、交通

危化品库的位置必须交通便利,周边道路通畅,方便机动车辆进入,并且有固定的停车场所,方便机动车辆停靠及货物的装卸、入库和领取。

第九节　医疗废弃物暂存库

随着医学的迅速发展、医院一次性医用耗材的大量使用、院感的严格防控以及医疗废弃物的有序管理,医院医疗废弃物产生量越来越多。医院的医疗废弃物回收处理一般由有资质的专业公司来进行,但各级医院必须建有医院总的医疗废弃物暂存库,方便医疗废弃物分类收集、暂时储存及转运。

一、特点及要求

(1)医疗废弃物有一定危化品性质,仓库内房屋应有严密的封闭通风措施,达到防鼠、防蚊蝇、防蟑螂、防盗以及预防儿童接触等要求(如安装纱窗、防鼠板、上锁等)。

(2)仓库设专职人员管理,防止非工作人员接触医疗废弃物。

(3)库房每天应在废弃物清运之后消毒冲洗,冲洗水应排入医疗卫生机构内的医疗废水处理系统。

(4)医疗废弃物暂存筒(箱)应按规定清洗消毒。

二、位置要求

(1)医疗废弃物暂存库必须远离医疗区、食堂、人员活动密集区,原则上应相距50m以上。

(2)仓库应确保不受雨水冲击或浸泡。

(3)设置在工作车辆易到达的区域。

三、规模

医疗废弃物暂存库建筑面积应根据医院等级、规模、专科特点及医疗废弃物处理量需要而定。

四、法规、标准、指南及其他

《危险化学品安全管理条例》(2002 年);

《医疗废物管理条例》(2003 年);

《医疗废物集中处置技术规范(试行)》(环发〔2003〕206 号);

《中国医院建设指南》(第五版)。

五、功能用房

医疗废弃物暂存库需设置多间功能用房,包括办公室、更衣室、库房、医疗废弃物暂存间、转运筒清洗消毒间及存放间。

六、面积和布局

(1)办公室。办公室为管理人员办公空间,面积在 $6\sim8m^2$。

(2)更衣室。供管理人员更衣使用,面积在 $4m^2$ 左右。

(3)库房。存放医疗废弃物专用包装袋、利器盒、废弃物分类标识、各类管理资料档案等,面积在 $8\sim10m^2$。

(4)医疗废弃物暂存间。用来存放医疗废弃物的房间,室内分设一般性医疗废弃物(如输液袋等)、感染性废弃物、病理性废弃物、损伤性废弃物、药物性废弃物及化学性废弃物存放区,且需要独立分隔,有明确标识。换药后纱布等病理性废弃物、感染性废弃物最好设置专门单间管理,如果暂存病理性废弃物,应具备低温储存或防腐要求。医疗废弃物暂存间总面积在 $80\sim150m^2$,各分区面积视废弃物量的多少而不同,一般在 $10\sim30m^2$,最好各自相对隔断独立。

(5)转运筒清洗消毒间及存放间。主要用来清洗、消毒和存放转运筒与工具,面积分别在 $15\sim20m^2$。

七、交通

医疗废弃物暂存库周边要方便医疗废弃物的装卸及装卸车辆的出入。

第十节 垃圾桶清洗库

垃圾桶清洗和管理是医院保洁工作的一项内容,即使垃圾清运很及时,垃圾桶内还是会残留着一定的气味和残物、残渍。为了避免垃圾桶污水、臭味影响医院的正常运行及加强院感管理,医院垃圾桶清洗库建设很有必要,主要负责对垃圾桶的及时清洗和消毒,使垃圾桶内外洁净,无异味。这也是近年来对医院管理提出的新要求。

一、特点及要求

(1)医院垃圾桶因为要容纳各种各样的垃圾,有大量细菌、病毒、霉菌,清洗要求非常严格。

(2)库房内应有严密的管理措施,达到防鼠、防蚊蝇、防蟑螂以及预防儿童接触等要求。

二、位置要求

(1)远离医疗、食堂、人员活动密集的区域,原则上相距 50m 以上。

(2)仓库应确保不受雨水冲击或浸泡。

三、规模

垃圾桶清洗库建筑面积应符合医院实际需要。

四、法规、标准、指南及其他

《医疗废物管理条例》(2003 年);

《医疗废物集中处置技术规范(试行)》(环发〔2003〕206 号)。

五、功能用房

垃圾桶清洗库的功能用房主要包括工作人员办公室、垃圾桶转运装车区、污渍垃圾桶收集区、清洗区、洁净桶区。

六、面积和布局

(1)工作人员办公室。面积在 $8m^2$ 左右,供更衣、登记、休息使用。

(2)垃圾桶转运装车区。用于垃圾桶装卸,面积在 $30m^2$ 左右。

(3)污渍垃圾桶收集区。堆放从医院各出口转运来的垃圾桶,面积在 $20\sim40m^2$。

(4)清洗区。主要有垃圾桶清洗区域和清洗工具存放区,面积分别为 $20\sim40m^2$ 和 $6m^2$。

(5)洁净桶区。存放清洗好的垃圾桶,面积在 $25m^2$ 左右。

七、交通

垃圾桶清洗库周边要求交通便利。

第 十 三 章

教学培训

大型综合性医院的教学培训涉及院校本科生、研究生教学,医、技、护的临床继续教育,进修生培训,住院医生规范化培养,全科医生培训等。应根据医院教学任务和医院职工人数设置多间面积不一的教室,综合性医院一般有4~5间教室即可满足不同的教学需求。需要注意的是临床技能培训中心的布局,它是医护技能培训、住培医师平时训练及考试、行业技能比赛的场所,特别要做好房间数量及面积的规划。有的医院还承接国家医师资格考试中的实践技能考试,相应教室的布局和流程更加复杂。

第一节 教学楼

医院是一个性质特殊的单位,除了承担医疗任务之外,还要承担教学和科研任务,在国家公立医院绩效考核及医院的等级评审标准中,都有医疗教学的相关考核。医院级别越高,承担的教学任务越重,尤其是大学附属医院或教学医院,不仅要承担院校本科生、研究生的教学工作,还要完成本院医、技、护的临床继续教育,接收各级医院进修生培训,规范化住院医生培训、全科医生培训等任务。即使毕业后多年的在职人员也需不断进行继续教育,更新知识、训练技能,以适应医学的快速发展。医院规划设置中必须有相关的教学空间,有条件的医院可建独立的教学楼。

一、特点及要求

(1)教学楼应较为紧凑,教室以及其他房间的设置应科学合理、相对集中。

(2)用于教学的教室、技能培训室既可供学生使用,又适合本院职工、进修生、住培生的教学培训。

(3)医院的图书馆可与教学楼邻近或在教学楼内。

(4)教学楼必须具有较好的舒适性,满足教室对采光、通风的要求。

二、位置要求

（1）教学楼应远离易燃易爆、振动、有噪声和散发有害气体等的区域。

（2）教学楼应选择环境安静的区块。

三、规模

国家教委 1992 年发布的《普通高等医学教育临床教学基地管理暂行规定》明确了附属医院、教学医院、实习医院三类医院的审定认可等内容。其中综合性教学医院应有 500 张以上病床（中医院应有 300 张以上病床），内、外、妇、儿各科室设置齐全，并有适应教学需要的医技科室。专科性教学医院应具备适应教学需要的床位、设备和相应的医技科室，具有必要的教室、阅览室、图书室、食宿等教学和生活软硬件条件。按照国家医院分级标准，教学医院应达到三级医院水平。

四、法规、标准、指南及其他

《综合医院建设标准》（建标 110—2021）；

《综合医院建筑设计规范》（GB 51039—2014）；

《普通高等医学教育临床教学基地管理暂行规定》（教高〔1992〕8 号）。

五、功能用房

教学楼主要有教学用房和技能培训中心。教学用房分为普通教室、电子教室、教研室、教学管理办公室等；技能培训中心分为培训平台、技能培训室及模拟病房和模拟手术室等。

六、面积和布局

根据《综合医院建设标准》（建标 110—2021），承担教学和实习任务的综合性医院教学用房配置有明确要求，附属医院、教学医院用房建筑面积按照 15m²/学员计算，实习医院用房建筑面积按照 5m²/学员计算。承担住院医师规范化培训、助理全科医生培训的综合性医院应增加 1000m² 的培训用房建筑面积，并根据主管部门核定的培训规模，按照 10m²/学员的标准增加教学用房建筑面积，按照 12m²/学员的标准增加学员宿舍建筑面积。但此标准并未涉及具体用房面积，且实习生、住培生、全科生、进修生每年人数都在变化，在设计时应留余地。

（一）教学用房

教学用房区域应配置普通教室、电子教室、教研室、教学管理办公室、相关辅助用房若干。某医院各教室外的公共区域如图 13-1 所示。

图 13-1　某医院各教室外的公共区域

（1）普通教室。普通教室是一个供教学活动使用、空间较大的房间，前面为讲台，靠讲台的墙上有黑板，是老师上课、布置作业的地方，后面是学生的座位，教室配置相关投影及音控设备。教室分为大型教室和小型教室，大型教室可供 100 人左右上课学习，小型教室可供 50 人左右上课学习，面积一般在 $70\sim150\mathrm{m}^2$。普通教室的数量根据医院教学任务和医院职工数量综合确定。可设置多间面积不一的教室，满足不同的教学需求。

（2）电子教室。电子教室即多媒体教室，配备电教设备及音视频系统，为计算机教学、英语教学、多媒体教学、各类线上考试、执业医生技能考试、学术交流等服务。电子教室也是医院利用多种信息媒体，综合使用现代设备，展示教学能力的窗口。医院电子教室的面积建议在 $150\sim250\mathrm{m}^2$。

（3）教研室。配备内科、外科、妇科及儿科教研室各 1 间，供相关教研使用，面积一般为 $15\sim20\mathrm{m}^2$。

（4）教学管理办公室。设置教学管理办公室 1 间，供医院教学管理人员办公使用，大型医院各类教学管理人员一般在 7～9 人，面积在 $30\sim40\mathrm{m}^2$。

（二）技能培训中心

技能培训中心是集教学、示教、操作、考试等多功能为一体的全方位培训场所（如图 13-2～13-6 所示）。

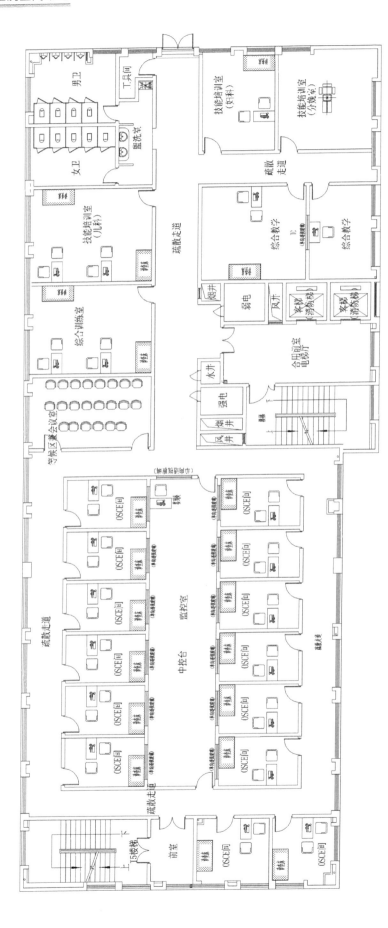

图 13-2 某医院技能培训中心 1

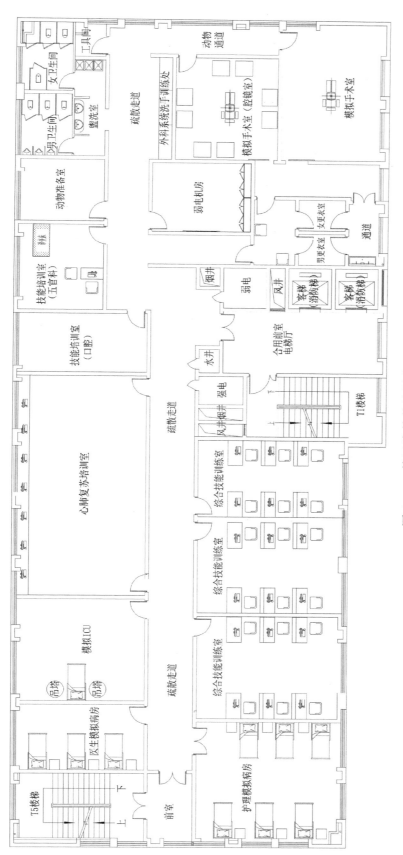

图 13-3　某医院技能培训中心 2

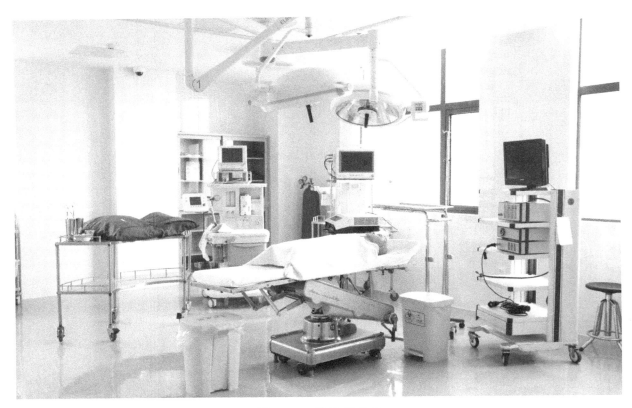

图 13-4　模拟手术室

图 13-5　心肺复苏培训室

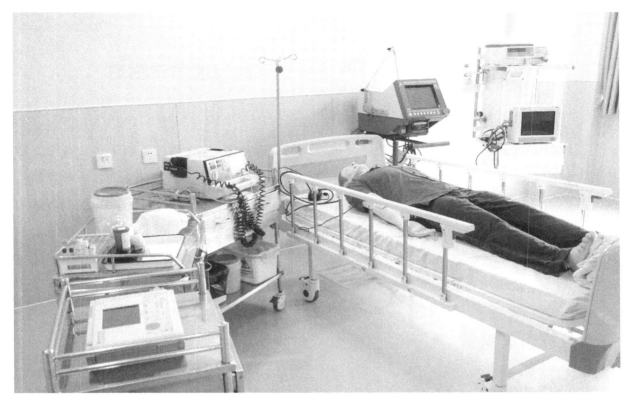

图 13-6 模拟 ICU

(1)技能培训中心应设置六大培训平台,主要是综合基础技能训练平台、急救技能训练平台、临床思维训练平台、模拟腔镜训练平台、模拟手术训练平台、护理技能操作训练平台,有的医院还有模拟胃肠镜平台,每个平台需要大小不等的多个用房,面积在 30~50m² 。

(2)技能培训室及模拟病房和模拟手术室。其中儿科技能培训室 40m²、妇科技能培训室 30m²、分娩技能培训室 30m²、五官科技能培训室 20m²、口腔科技能培训室 20m²、护理技能培训室 50m²、综合技能训练室(训练各种穿刺、缝线等)3 间各 30~50m²、复苏训练室 60m²、模拟 ICU 40~50m²、模拟医生培训病房 30m²、模拟护士培训病房 30~40m²、模拟手术室 60~80m²、模拟腔镜手术室 50m²、动物准备室 20m²、客观结构化临床考试(OSCE)间 12~16 间各 12m²。

七、交通

教学楼无特殊交通与流程要求。

第二节　国家医师资格考试实践技能考试基地

实践技能考试是参加临床执业医师资格考试的必经环节,只有通过了临床执业医师实践技能考试的考生才有资格参加后续的医学综合笔试。实践技能考试基地是根据《医师资格考试实践技能考试方案》相关要求设置的,医生实践技能考试采用多站考试的方式,根据考试内容设置若干考站,考生依次通过各考站接受实践技能考试。基于此,在考试基地设计布局时就应满足相关的环境和流程要求。目前实践技能考试基地由国家层面决定,一个省份不超过6个,一般3个地级市布置一个,所以一般医院无需建造,但需要了解。

一、特点及要求

(1)各考站应分别设置在相对独立的区域,流程要求极其严格,应形成单向通道,各考站互不干扰。

(2)考试场所需安静、通风、明亮,水、电、消防安全设施完备。

二、位置要求

实践技能考试基地原则上应依托医学院校或者承担教学任务的三级甲等综合性医院临床技能中心设立。

三、规模

实践技能考试基地按《国家医师资格考试实践技能考试基地管理办法》要求进行配置,满足考试环境及流程要求。

四、法规、标准、指南及其他

《国家医师资格考试实践技能考试基地管理办法》;

《综合医院建设标准》(建标 110—2021)。

五、功能用房

功能用房按照考试流程分为报到处、候考室、考试室、阅卷室、成绩录入室、监控室等,需要说明的是医师资格实践技能考试流程复杂,每年仅考一次,各种功能用房往往是在考试时临时整合教学楼的用房,达到高效利用的目的。

六、面积和布局

(1)报到处。考生入场签到、存包的地方。可利用教学楼教室来布置,面积在 $50\sim60m^2$。

(2)候考室。根据每日考试的考生人数合理设置候考室,每一个考站均需设置候考室,如第一候考室、第二候考室、第三候考室。考生进入后按照顺序依次坐下,然后依次进行人脸识别、发放 IC 卡。候考室也可利用原有教学楼教室布置,面积在 $40m^2$ 左右。

(3)考试室。考试室的设置每个站点不一样。第一考站为临床思维能力考试,设多媒体教室 1 间,机位 $60\sim80$ 个;第二考站为体格检查考试,设检查考试间 $14\sim18$ 间,考间面积为 $12m^2$ 左右。第三考站为基本操作考试,设 OSCE 考间 $14\sim18$ 间,考间面积为 $12m^2$ 左右。

(4)阅卷室。面积在 $50m^2$ 左右。

(5)成绩录入室。用于考试成绩的录入,面积在 $20m^2$ 左右。

(6)监控室。应对各考试室、阅卷室、成绩录入室等考试场地进行全程监控,监控室面积一般在 $30m^2$ 左右。

考试基地内部流程:报到处(报到、存包、核对准考证)—第一考站候考室(人脸识别、发放 IC 卡)—第一考站(刷卡签到、发放答题纸)—第二考站候考室(刷卡签到、抽题考试)—第二考站(体检等考试)—第三考站候考室(刷卡签到、抽题考试)—第三考站(基本操作)—出口。

七、交通

实践技能考试基地外围应交通便利,考生常来自多个地区,需有较多的停车空间。

第十四章
科学研究

医院研究实验室是开展基础科学研究、临床研究及研究成果转化的基地,因每家医院等级及研究能力不同,其实验室的面积要求也不同。对大多数医院来说,医院研究实验室是公共的研究平台,但也有强势学科会按照自己的要求设置专业研究室。生物样本库是低温保存技术提高后保存实验室生物样本的场所,一般大型综合性医院都有自己的生物样本库,对样本进行集中规范管理,是医院各学科公共的研究平台。生物样本库对用电保障要求较高,应配备相关 UPS。

第一节 研究实验室

研究实验室的建设与管理水平直接或间接反映医院的综合能力,做好实验室建设与管理对促进医院各类研究的顺利开展,提升医院总体能力水平具有重要的意义。同时,研究实验室不仅要能够为科研工作提供必要的条件,还要能够提升医院的人才培养能力。综合能力强的医院有许多相应的实验室,由于学科不一样,设置的要求也不一样,这里主要论述公共实验平台的建设。

一、特点及要求

(1)研究实验室是医院基础的科研基地,也是培养研究生的重要场所。

(2)研究实验室应相对独立,布局及流程合理,环境安静,符合生物安全要求。

(3)研究实验室建设标准相对较高,要保证科学实验室内部分隔的合理性、适用性、安全性以及节能环保。

二、位置要求

大多数地市级及以下医院没有设置专门用于研究的实验室,即使有,一般也都是小型实验室。有条件的医院可设置独立的研究实验区域或建设独立的科研大楼,位置可在医院较偏的地方。

三、规　模

根据《综合医院建设标准》(建标 110—2021),承担医学科研任务的综合性医院,科研用房面积按照每位科研人员的人均工作用房建筑面积为 50m² 计算,人数按副高级及以上专业技术人员计。开展动物实验研究的综合性医院应根据需要增加一定规模的实验动物用房。开展国家级重点科研任务的综合性医院,国家级重点实验室按照 3000m²/个的标准增加相应实验用房面积。承担国家等重大科研项目的综合性医院可根据实际情况确定。

四、法规、标准、指南及其他

《综合医院建设标准》(建标 110—2021);

《综合医院建筑设计规范》(GB 51039—2014);

《生物安全实验室建筑技术规范》(GB 50346—2011);

《实验室生物安全通用要求》(GB 19489—2008);

《中国医院建设指南》(第五版)。

五、功能用房

研究实验室的功能用房主要包括三部分:实验室、实验附属空间和办公区。实验室功能用房包含分子生物学实验室、细胞培养室、流式细胞室、多功能免疫室、动物实验室等,能够同时开展蛋白质水平、细胞水平以及药理学等方面的科学实验(如图 14-1 所示);实验附属空间功能用房包括公用仪器间、动物房等。设计实验室时应保证对实验区域中生物、化学和物理等危害的防护控制,并通过相应的风险程度评估,为相邻的办公区提供安全的环境。

图 15-1　某医院的研究实验室

六、面积和布局

医院应根据自身具体情况确定实验室建筑面积,三级甲等综合性医院一般可预留 2000～5000m² 作为研究实验室用房。

一般来说,医院研究实验室由专业设计公司规划设计。

七、交通

研究实验室的外围交通无特殊要求,内部流程应符合生物安全、消防安全要求。

第二节　生物样本库

生物样本库主要指标准化收集、处理、储存和应用健康或有疾病生物体的血液、细胞、组织和器官等样本的库房,以便于对医院搜集的生物样本的统一保存和合理使用。

一、特点及要求

(1)医院因研究需要将搜集的生物样本集中保存,为研究提供样本。

(2)标本处理应注意生物安全防护,并避免样本间的交叉污染。

(3)生物样本储存包括液氮储存和超低温冰箱储存,储存时要注意冷、热源隔开。应注意库房的通风换气、氧含量监测、温湿度监控等。

(4)生物样本库的建设应考虑建筑体的承重,了解生物样本库的重力负荷。

(5)生物样本库应保证用电安全,配备 UPS 和备用双路电源。

二、位置要求

生物样本库的场地和环境应适合生物样本保存,避免微生物污染、交叉污染、灰尘污染、电磁场污染、射线、振动等。需要关注的是,因湿度、温度、电力供应要求,样本库一般选择在医疗大楼底层相对独立的区域。有独立科研楼的医院,生物样本库应设在科研楼内。

三、规模

生物样本库无相关规模要求,根据医院等级及科研能力而定。

生物样本库的样本处理和储存设备主要有生物安全柜、超净台、高压灭菌设备、水浴箱、离心机、制冰机、标签打印机、超低温立式冰箱、气相液氮罐等。

四、法规、标准、指南及其他

《生物样本库质量和能力通用要求》(GB/T 37864—2019/ISO 20387:2018);

《生物安全实验室建筑技术规范》(GB 50346—2021);

《人类生物样本库管理规范》(GB/T 39766—2021);

《人类血液样本采集与处理》(GB/T 38576—2020)。

五、功能用房

生物样本库的功能用房主要有样本处理室、低温储存室(如图 14-2 所示)。

六、面积和布局

(1)样本处理室。主要用于血液样本的初步处理(如离心、分装、提取外周血单个核细

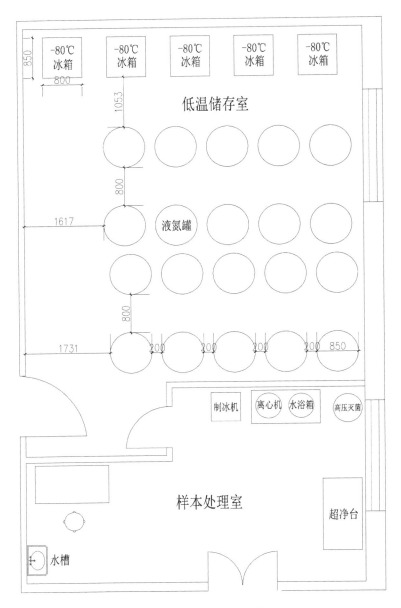

图 14-2　生物样本库

胞等），面积在 20～30m²。

（2）低温储存室。目前主流的储存形式有超低温冰箱储存与气相液氮储存，液氮储存罐每个面积在 0.6m² 左右，超低温冰箱每个面积在 0.7～1.0m²，根据医院科研能力及需求设置液氮储存罐及超低温冰箱数量，120～200m² 可满足一般医院需求。

七、交通

生活样本库的交通无特殊要求。

第十五章

食 堂

医院食堂不仅具有普通餐饮区域设计要求的共性,还有特殊要求。医院食堂的规划、外部造型、内部空间环境、设施和室内装饰都将对医院整体环境、病人及职工的感受产生影响。医院食堂的使用者和一般机关及普通餐饮业也不同,在医院的就餐者中,除了职工外,还有陪护人员、学校学生以及住培医生和进修医生等。考虑用餐人群的特点,为了满足用餐人群的需要,以及保证医院"营养食堂"的治疗和服务功能,对医院食堂设计提出更高的要求。弄清医院食堂需要哪些功能区域,设计中应注意哪些特点要求,都是设计和布局医院食堂时应认真思考的问题。

医院食堂的常见问题如下:一是在传统设计建设中,食堂一般被置于较为偏僻的某一角落,人流重复交叉,交通环境差;二是医院食堂就餐时间集中,食堂人流快速聚集、疏散,如没有便捷合理的就餐及疏散流线,易导致拥挤、排长队等状况;三是许多医院把食堂建设在医疗大楼内,运输依赖垂直交通,导致食材及人员运送困难、环境污染以及各种流程不合理,引发院感、环保和消防等问题;四是将食堂设置在医疗建筑体内,随着医院的人员增加,食堂面积扩大很困难,如以2000个床位的医院算,就餐人数在5000人左右,其中病人1800人左右,陪护人员800人左右,医生、护士、后勤人员等在1700人左右,住培生、学生、进修生在700人左右等(病人及陪护人员常常是送餐);五是大多数医院食堂饭菜种类少、味道差,难以满足就餐者的口味。随着生活水平的提高,传统就餐模式已被多元化的模式所替代,如自选式、明档风味式、小炒式、西式快餐、中式糕点拼盘等。

一、特点及要求

(1)医院食堂的餐饮要求高,一般病人、特殊病人及医院职工的饮食有明显差异性,不同人群的就餐时间存在差异。

(2)为满足不同的服务对象及不同的餐饮期望,应采取多分区、多种餐食供应模式。

(3)JCI评审、医院等级评审、疾控、卫生监督、环保、消防均有对医院食堂建设的相关严格要求。

二、位置要求

（1）医院食堂位置的选择应考虑方便病人及职工，建议设在住院部和生活区之间。

（2）食堂附近的道路要便于人员进出和货物装卸，应同时符合规划、环保与消防的要求。

（3）医院食堂不得设在易受污染的区域，应距离粪坑、污水池、医疗废物暂存点、垃圾站等污染源50m以上，并应布置在粉尘、有害气体、放射性物质与其他扩散性污染源的影响范围之外。

（4）应选择地势干燥，给排水、供电、供气方便的地块。

（5）注意食堂与其他建筑的相互联系，以及不同季节采光、风向等自然因素，以免气味影响医疗大楼的环境。

三、规模

根据《饮食建筑设计标准》（JGJ 64—2017），食堂的建筑规模根据其服务人数而定，服务人数小于100人的为小型食堂，服务人数在100～1000人的为中型食堂，服务人数在1000～5000人的为大型食堂，服务人数5000人以上的为特大型食堂。小型食堂厨房区域及库房面积不少于30m²；中型食堂厨房区域及库房面积在30m²的基础上按照服务100人以上每增加1人增加0.3m²；大型食堂及特大型食堂厨房区域及库房面积在300m²的基础上按照服务1000人以上每增加1人增加0.2m²。

四、法规、标准、指南及其他

《饮食建筑设计标准》（JGJ 64—2017）；

《建筑设计防火规范》（GB 50016—2023）；

《中国医院建设指南》（第五版）。

五、功能用房

医院食堂的功能空间大体可划分为用餐区域、厨房区域、公共区域和辅助区域四个区域。功能用房主要有粗加工间、留样间、农药残留测试间、仓库、主食烹饪间、面点加工间、配餐间、用餐大厅（点菜区、收款区、外带窗口等）、餐具洗涤消毒间、洁净餐具等存放间、厨房办公室、更衣室、休息室等。

六、面积和布局

(1)食材、食品卸货区。购买的食材及食品卸货的区域,面积在 $30\sim40m^2$,要求小型车能直达。

(2)留样间。食堂的每样食品都需要留样,留样间面积在 $10m^2$ 左右。

(3)农药残留测试间。为保证食品安全,食堂在制作餐品之前,必须对果蔬中的农药残留物进行安全检测。农药残留测试间应紧挨粗加工间,面积在 $12m^2$ 左右。

(4)仓库。可根据食材和食品分类设置主食仓库、副食仓库、冷冻库。面积分别在 $30\sim40m^2$,其中冷冻库应符合《冷库设计标准》(GB 50072—2021)的相关规定。

(5)粗加工间。粗加工间为主食烹饪区、副食烹饪区提供粗加工后的食材,场所内应设置满足切菜、切肉等加工需求的操作台面。至少分别设置动物性食品与植物性食品的清洗水池,水产品的清洗水池宜独立设置,水池数量或容量应与加工食品的数量相适应,不得少于 3 个。建筑面积一般在 $40\sim50m^2$ 。

(6)主食烹饪间。主食烹饪间是主食制作和主食热加工的场所,可以进行米、面、杂粮等半成品的制作和对洗、切、配好的半成品菜肴进行煎、炒、烹、炸、焖、煮等。面积在 $80\sim140m^2$ 。

(7)面点加工间。用于面点加工,面积在 $30\sim40m^2$ 。

(8)配餐间。配餐间是对成品饭菜进行分发的场所,食物统一煮好后在配餐间分盘。配餐间的卫生管理制度非常严格,配餐间内应设置二次更衣间、紫外线消毒灯与自动感应式洗手设施。面积在 $60\sim80m^2$ 。

(9)用餐大厅。用餐大厅面积根据医院规模及用餐人数而定。用餐大厅应采光、通风良好。天然采光时,侧面采光窗面积不宜小于该厅地面面积的 1/6。直接自然通风时,通风开口面积不应小于该厅地面面积的 1/16。

(10)餐具洗涤消毒间。餐具洗涤消毒间内应按照一洗、二清、三消毒的方式,设置满足清洗需求的水池(不少于 3 个),以及放置用具的存放架,并安装紫外线消毒灯。面积在 $40\sim60m^2$,现在一般都是自动清洗流水线。

(11)洁净餐具等存放间。洗涤消毒后的洁净餐具等存放的场所,面积在 $30\sim40m^2$ 。

(12)厨房办公室。厨房管理人员办公的区域,面积在 $20\sim30m^2$ 。

(13)更衣室。更衣室按男、女分设,更衣室入口处应设置洗手、干手、消毒等设施。面积分别在 $15\sim20m^2$ 。

(14)休息室。工作人员休息的区域,面积在 $20m^2$ 左右。

七、交通及流程

(1)机动车进出方便。

（2）送餐车进出方便。

（3）食堂人流出入口和货流出入口分开设置。就餐人员出入口和食堂工作人员出入口分开设置。

（4）厨房区域应按照原料进入、原料处理、半成品加工、成品供应的流程合理布局，食品加工处理流程宜为生进熟出的单一流向，并应防止在存放、操作中产生交叉污染。各出入口需分开设置。

①物流。原材料入口—库房—粗加工—精加工—主食烹饪间。

②人流。工作人员入口—更衣消毒—各操作位置。

③成品转运。主食烹饪间—操作间（凉菜间）—配餐间—售餐间。

八、举例分析

以一家规模在 2000 张床位的三级综合性医院食堂设置为案例。食堂为独立建筑，多条道路将食堂与其他功能建筑相连；食堂分为 5 层，采用垂直分区（如图 15-1 所示）。

图 15-1　某医院食堂

（1）食堂汇集从各个方向来的人流，如医疗大楼、教学楼、行政楼、门诊等，食堂位于医院相对独立的位置，在医院内部交通主干道上，有多条道路与医疗区、行政区、后勤区连通。

（2）食堂第一层为大厅、营养科及病人营养送餐加工区域；第二层针对医院职工开放；第三层针对病人家属开放；第四层为点菜区与特色美食区，提供差异化的特色菜肴，分隔成若干小区；第五层为自助餐厅。

①第一层主要是公共区域、营养科以及住院病人送餐食堂。其中公共区域设置电梯大厅，面积在 60m² ，大厅周围设置餐卡充值窗口 5m² ，糕点售卖间 30m² ，以及拆包间、包装材料库 40m² 左右。营养科区域配有厨房，负责住院病人的基本膳食、治疗膳食、诊断膳食、代谢膳食、配方膳食、胃肠内营养的配制与供应。主要用房有主食、副食、调料、冷冻、冷藏、杂品库；初加工间、半成品准备间、成品加工间、糕点制备间；营养制剂储备间、肠内营养配制间；餐具清洗间、餐具消毒间、餐车存放间；职工男／女更衣室、浴室等。

②第二层和第三层布局几乎一致，第二层为职工餐厅，第三层为病人家属餐厅。西侧为就餐区域，东侧为厨房区域，就餐区域面积 800m² 左右，厨房区域面积 400m² 左右。

③第四层为特色小炒餐厅，向社会开放，以满足不同层次的消费需求，有特色小吃、水饺、馄饨、粥类、面条、粉干等。

④第五层为自助餐厅，南侧预留出午餐会餐厅，中部为就餐大厅，另设多个包间，西侧为厨房区域。

目前医院食堂在建设过程中普遍存在的问题主要是建筑面积标准过低，以及设计人员对食堂操作流程不了解、不重视，忽略对食堂的设计优化，造成食堂实际使用面积不足等情况。食堂规划设计时应结合每家医院的具体情况，深入调研和分析，设计出体量适当、布局合理、既方便又美观、符合各种管控要求的食堂。

第 十 六 章
学生公寓、青年公寓

大学附属医院或教学医院的学生公寓是医院建筑的组成部分之一,入住人员有学校学生、硕士生、博士生、住培生、进修生等,直接体现医院的教学条件。学生公寓不仅要为学生提供舒适的休息空间,还承载着个人课余或工作之余看书学习、同学间沟通交流等功能。医院青年公寓则是刚毕业的职工在结婚前使用的住房。

一、特点及要求

(1)学生公寓宜集中布置,与医疗区邻近。每栋公寓需设置管理室、每个楼层的洗衣房和晾晒空间。

(2)青年公寓一般为单人间或双人间。青年公寓面积不应过大,能巧用空间。

二、位置要求

(1)学生公寓、青年公寓应选择在较平坦且不易积水的地段,避免噪声和污染源的影响,应在日照、通风良好的地块。

(2)学生公寓、青年公寓一般建在医院内,离医疗区、教室及食堂不宜太远。如果地块有面积限制,青年公寓不一定建在医院院区内。

三、规模

学生公寓建设规模应根据医院规模来确定,一般来说医院需要为住培生、进修生、学校本科生、硕士生、博士生(后)提供住宿,这些人员在院时间多为半年到3年。青年公寓规模则视医院在职未婚医护职工数量及医院发展需求而定。

四、法规、标准、指南及其他

《公寓建筑设计标准》(T/CECS 768—2020)；

《宿舍建筑设计规范》(JGJ 36—2016)；

《建筑设计防火规范》(GB 50016—2023)。

五、功能用房

学生公寓用房布局比较简单，一般包含居室、管理室、公共用房等。青年公寓则按照酒店式公寓标准配备。

六、面积和布局

(一)学生公寓

(1)居室。居室一般4人一间，房间内为组合式床铺，上层睡觉，下层有衣柜、书架和学习桌，楼层高度最好在3.2m以上，单间面积一般在25～30m²。居室内附单独的卫生间，面积不应小于3.5m²，设有淋浴设备、坐便器等(如图16-1所示)。

(2)管理室。管理室宜设置在主要出口处，其使用面积在12m²左右，供学生公寓管理员使用。

(3)公共用房。可为整层宿舍区域提供公共的洗衣、晾晒空间，设置洗衣机位，洗衣晾晒空间面积一般在20～30m²。宜在每层设置热开水设施，方便学生用水。

(二)青年公寓

青年公寓应包含卧室、卫生间、收纳空间等基本功能空间和相应的生活用具，宜设置开放式厨房和晾晒空间。公寓建筑套型、面积应确保居住人员适宜的生活居住标准，面积不宜小于30m²。入户门两侧分别设置洗手间和开放灶台，卫生间面积在3m²左右，卧室合理配置收纳柜(如图16-2所示)。

七、交通

学生公寓、青年公寓尽可能邻近医疗区及医院食堂。

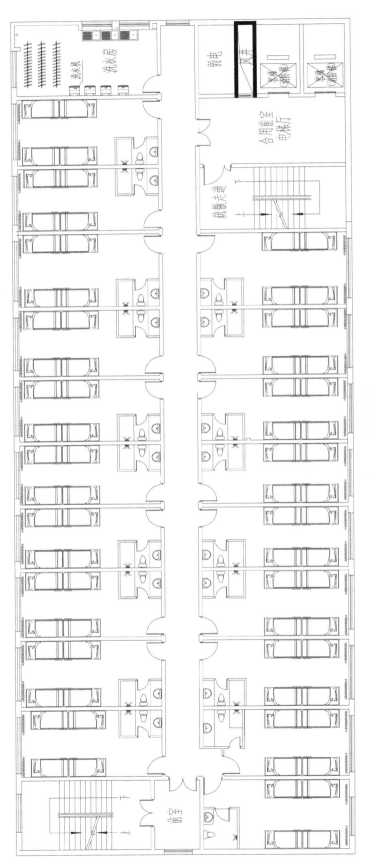

图 16-1 学生公寓

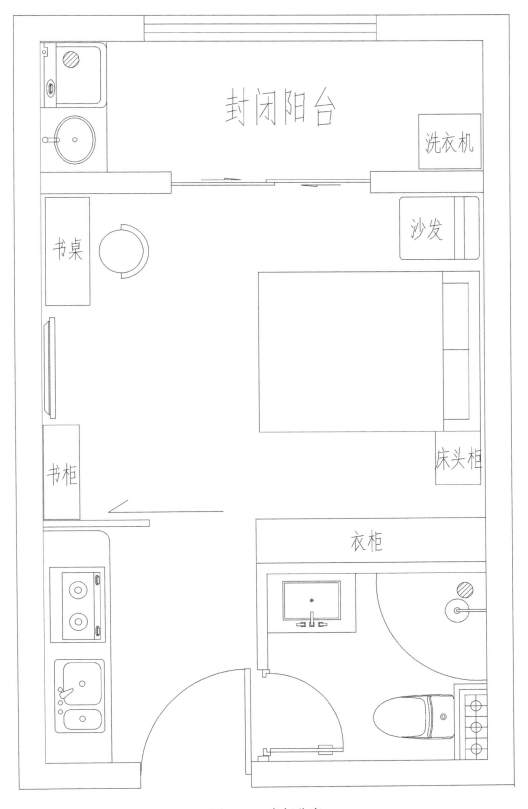

图 16-2　青年公寓